DIE DATA VON EUKLID

NACH MENGES TEXT AUS DEM GRIECHISCHEN
ÜBERSETZT UND HERAUSGEGEBEN
VON

CLEMENS THAER

MIT 89 FIGUREN

SPRINGER-VERLAG BERLIN HEIDELBERG GMBH

1962

Alle Rechte, insbesondere das der Übersetzung in fremde Sprachen, vorbehalten

Ohne ausdrückliche Genehmigung des Verlages ist es auch nicht gestattet, dieses
Buch oder Teile daraus auf photomechanischem Wege (Photokopie, Mikrokopie)
oder auf andere Art zu vervielfältigen

© by Springer-Verlag Berlin Heidelberg 1962
Ursprünglich erschienen bei Springer-Verlag OHG / Berlin · Göttingen · Heidelberg 1962

ISBN 978-3-662-27580-1   ISBN 978-3-662-29067-5 (eBook)
DOI 10.1007/978-3-662-29067-5

Library of Congress Catalog Card Number 62-22028

Die Wiedergabe von Gebrauchsnamen, Handelsnamen, Warenbezeichnungen usw. in
diesem Buche berechtigt auch ohne besondere Kennzeichnung nicht zu der Annahme,
daß solche Namen im Sinn der Warenzeichen- und Markenschutz-Gesetzgebung
als frei zu betrachten wären und daher von jedermann benutzt werden dürften

Inhalt

	Seite
Definitionen	5
§ 1 — 94	7
Anmerkungen	64

Definitionen

1. Der Größe nach gegeben heißen Flächen, Linien und Winkel, zu denen wir uns gleiche verschaffen können.

2. Ein Verhältnis heißt gegeben, wenn wir uns das mit ihm zusammenfallende verschaffen können.

3. Der Gestalt nach gegeben heißen geradlinige Figuren, in denen die Winkel einzeln gegeben sind und die Verhältnisse der Seiten zueinander gegeben.

4. Der Lage nach gegeben heißen Punkte, Linien und Winkel, die immer denselben Ort innehaben.

5. Ein Kreis heißt der Größe nach gegeben, wenn sein Radius der Größe nach gegeben ist.

6. Nach Lage und Größe gegeben heißt ein Kreis, dessen Mittelpunkt der Lage und dessen Radius der Größe nach gegeben ist.

7. Kreisabschnitte heißen der Größe nach gegeben, wenn die Winkel in ihnen gegeben sind und die Abschnittsgrundlinien der Größe nach.

8. Nach Lage und Größe gegeben heißen Abschnitte, wenn die Winkel in ihnen der Größe nach gegeben sind und die Abschnittsgrundlinien nach Lage und Größe.

9. Eine Größe ist um Gegebenes größer als eine feste Größe, wenn nach Wegnahme des Gegebenen der Rest der festen Größe gleich ist.

10. Eine Größe ist um Gegebenes kleiner als eine feste Größe, wenn nach Hinzufügung des Gegebenen die Summe der festen Größe gleich ist.

11. Eine Größe ist einer festen Größe gegenüber um Gegebenes größer als im Verhältnis, wenn nach Wegnahme des Gegebenen der Rest zur festen Größe gegebenes Verhältnis hat.

12. *Eine Größe ist einer festen Größe gegenüber um Gegebenes kleiner als im Verhältnis*, wenn nach Hinzufügung des Gegebenen die Summe zur festen Größe gegebenes Verhältnis hat.

[13. Eine Gefällte ist eine von einem gegebenen Punkt auf eine der Lage nach (gegebene) gerade Linie unter gegebenem Winkel gezogene gerade Linie.

14. Eine Errichtete ist eine von einem auf einer der Lage nach (gegebenen) geraden Linie gegebenen Punkt unter gegebenem Winkel gezogene gerade Linie.

15. Nebenherlaufend der Lage nach (gegeben) ist eine durch einen gegebenen Punkt zu einer der Lage nach (gegebenen) geraden Linie gezogene Parallele.]

§ 1

Von gegebenen Größen ist das Verhältnis zueinander gegeben.

Man habe gegebene Größen a, b. Ich behaupte, daß das Verhältnis $a:b$ gegeben ist.

Da a gegeben ist, kann man sich eine ihm gleiche Größe verschaffen (Def. 1); man verschaffe sie sich, sie sei c. Ebenso kann man sich, da b gegeben ist, eine ihm gleiche Größe verschaffen; man verschaffe sie sich, sie sei d. Da $a = c$, $b = d$, ist $a:c = b:d$ (V, Def. 5), und vertauscht (V, 16) $a:b = c:d$. Das Verhältnis $a:b$ ist also gegeben; denn man hat sich das mit ihm zusammenfallende $c:d$ verschafft (Def. 2).

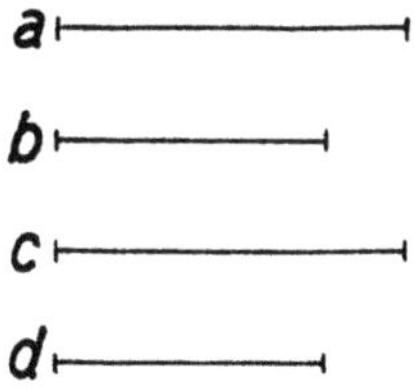

Fig. 1

§ 2

Wenn eine gegebene Größe zu irgend einer weiteren Größe gegebenes Verhältnis hat, ist auch diese der Größe nach gegeben.

Eine gegebene Größe a habe zu einer weiteren Größe b gegebenes Verhältnis. Ich behaupte, daß auch b der Größe nach gegeben ist.

Da a gegeben ist, kann man sich eine ihm gleiche Größe verschaffen (Def. 1); man verschaffe sie sich, sie sei c. Da nach Voraussetzung das Verhältnis $a:b$ gegeben ist, kann man sich das mit ihm zusammenfallende verschaffen (Def. 2); man verschaffe es sich (VI, 12), es sei $c:d$. Da hier $a:b = c:d$, ist vertauscht (V, 16) $a:c = b:d$. Aber $a = c$, also auch $b = d$ (V, Def. 5). Also ist Größe b gegeben; denn man hat sich eine ihm gleiche Größe verschafft (Def. 1).

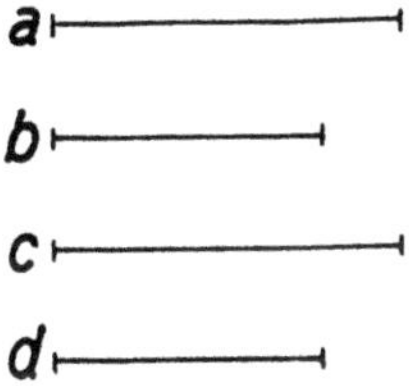

Fig. 2

§ 3

Wenn man beliebigviele gegebene Größen zusammensetzt, muß auch ihre Summe gegeben sein.

Man setze beliebigviele gegebene Größen AB, BC zusammen. Ich behaupte, daß auch AC, das aus AB, BC zusammengesetzt ist, gegeben ist.

Da AB gegeben ist, kann man sich eine ihm gleiche Größe verschaffen (Def. 1); man verschaffe sie sich, sie sei DE. Ebenso kann man sich, da BC gegeben ist, eine ihm gleiche Größe verschaffen; man verschaffe sie sich, sie sei EF (I, 3). Da $AB = DE$, $BC = EF$, ist Summe $AC =$ Summe DF (I, Ax. 2). Also ist AC gegeben; denn man hat sich eine ihm gleiche Größe verschafft, nämlich DF (Def. 1).

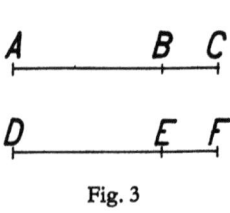

Fig. 3

§ 4

Wenn man von einer gegebenen Größe eine gegebene Größe wegnimmt, muß der Rest gegeben sein.

Man nehme von einer gegebenen Größe AB eine gegebene Größe AC weg. Ich behaupte, daß der Rest CB gegeben ist.

Da AB gegeben ist, kann man sich eine ihm gleiche Größe verschaffen; man verschaffe sie sich, sie sei DF. Ebenso kann man sich, da AC gegeben ist, eine ihm gleiche Größe verschaffen; man verschaffe sie sich, sie sei DE (I, 3). Da $AB = DF$, $AC = DE$, ist Rest $BC =$ Rest EF (I, Ax. 3). Also ist BC gegeben; denn man hat sich eine ihm gleiche Größe verschafft, nämlich EF.

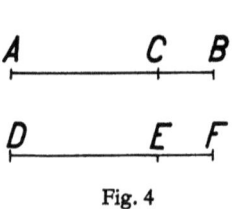

Fig. 4

§ 5

Wenn eine Größe zu irgend einem Teil ihrer selbst gegebenes Verhältnis hat, muß sie auch zum Rest gegebenes Verhältnis haben.

Eine Größe AB habe zu irgend einem Teil AC ihrer selbst gegebenes Verhältnis. Ich behaupte, daß sie auch zum Rest BC gegebenes Verhältnis hat.

Man lege eine gegebene Größe DF hin. $BA:AC$ ist gegeben; so verschaffe man sich das damit zusammenfallende Verhältnis $FD:DE$ (VI, 12). Also ist $FD:DE$ gegeben (Def. 2). Nun ist FD gegeben; also ist auch DE gegeben (§ 2); also auch der Rest EF gegeben (§ 4). Aber auch DF ist gegeben; also ist auch $DF:FE$ gegeben (§ 1). Da hier $DF:DE = AB:AC$, ist, umgewendet (V, Def. 16), $DF:FE = AB:BC$. Nun ist $DF:FE$ gegeben, wie oben gezeigt; also ist auch $AB:BC$ gegeben (Def. 2).

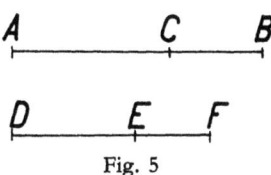

Fig. 5

§ 6

Wenn man zwei Größen, die gegebenes Verhältnis zueinander haben, zusammensetzt, muß auch die Summe zu jeder von ihnen gegebenes Verhältnis haben.

Man füge zwei Größen AC, CB, die zueinander gegebenes Verhältnis haben, zusammen. Ich behaupte, daß auch die Summe AB zu jeder der Größen AC, CB gegebenes Verhältnis hat.

Man lege eine gegebene Größe DE hin. $AC:CB$ ist gegeben; so mache man $DE:EF$ damit zusammenfallend (VI, 12). Also ist $DE:EF$ gegeben. Nun ist DE gegeben; also ist auch EF gegeben (§ 2); also auch die Summe DF gegeben (§ 3). DE, EF sind aber beide gegeben; also ist das Verhältnis von DF sowohl zu DE als zu EF gegeben (§ 1). Da hier $AC:CB = DE:EF$, ist, verbunden (V, 18), $AB:BC = DF:FE$, und, umgewendet (V, Def. 16), $AB:AC = DF:DE$. Da $DF:DE$ und $EF = AB:AC$ und CB, so ist das Verhältnis von AB sowohl zu AC als CB gegeben (Def. 2).

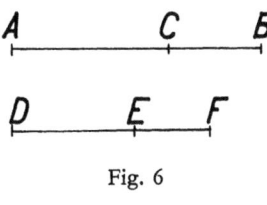

Fig. 6

§ 7

Wenn man eine gegebene Größe zu gegebenem Verhältnis teilt, muß jeder der Abschnitte gegeben sein.

Man teile eine gegebene Größe *AB* zu gegebenem Verhältnis *AC:CB* (VI, 10). Ich behaupte, daß sowohl *AC* als *CB* gegeben ist.

Da *AC:CB* gegeben ist, ist das Verhältnis von *AB* sowohl zu *AC* als zu *CB* gegeben (§ 6). Nun ist *AB* gegeben; also sind auch *AC*, *CB* beide gegeben (§ 2).

Fig. 7

§ 8

Was zu einer festen Größe gegebene Verhältnisse hat, muß auch zueinander gegebenes Verhältnis haben.

Sowohl *a* als *c* möge zu *b* gegebenes Verhältnis haben. Ich behaupte, daß auch *a* zu *c* gegebenes Verhältnis haben muß.

Man habe eine gegebene Größe *d*. Hier ist *a:b* gegeben; so mache man *d:e* mit ihm zusammenfallend (VI, 12). Nun ist *d* gegeben; also auch *e* gegeben (§ 2). Ebenso mache man, da *b:c* gegeben ist, *e:f* mit ihm zusammenfallend. Nun ist *e* gegeben; also auch *f* gegeben. Aber auch *d* ist gegeben; also ist *d:f* gegeben (§ 1). Da *a:b* = *d:e* und *b:c* = *e:f*, ist, über gleiches weg (V, 22), *a:c* = *d:f*. Nun ist *d:f* gegeben; also ist auch *a:c* gegeben (Def. 2).

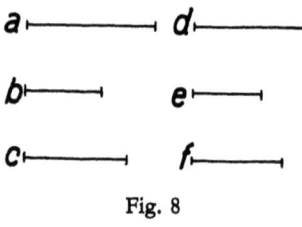

Fig. 8

§ 9

Wenn zwei oder mehr Größen zueinander gegebenes Verhältnis haben, während dieselben Größen zu irgend welchen weiteren Größen gegebene Verhältnisse — nicht notwendig dieselben — haben, dann müssen auch diese Größen zueinander gegebene Verhältnisse haben.

Zwei oder mehr Größen *a*, *b*, *c* mögen zueinander gegebenes Verhältnis haben, dabei mögen dieselben Größen *a*, *b*, *c* zu irgend welchen weiteren Größen *d*, *e*, *f* gegebene Verhältnisse haben, nicht dieselben. Ich behaupte, daß auch die Größen *d*, *e*, *f* zueinander gegebenes Verhältnis haben müssen.

§ 10

Da $a:b$ gegeben ist und $a:d$ gegeben, ist auch $d:b$ gegeben (§ 8). Nun ist $b:e$ gegeben; also auch $d:e$ gegeben. Ebenso ist, da $b:c$ gegeben und $b:e$ gegeben, auch $e:c$ gegeben. Nun ist $c:f$ gegeben; also ist $e:f$ gegeben. Also haben d, e, f zueinander gegebenes Verhältnis.

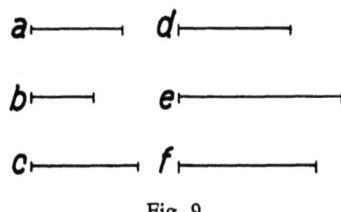

Fig. 9

§ 10

Wenn eine Größe einer festen Größe gegenüber um Gegebenes größer ist als im Verhältnis, dann muß die Summe der festen Größe gegenüber auch um Gegebenes größer sein als im Verhältnis.

Und wenn die Summe der festen Größe gegenüber um Gegebenes größer ist als im Verhältnis, ist auch entweder der Rest der festen Größe gegenüber um Gegebenes größer als im Verhältnis, oder der Rest mit der anschließenden Größe, zu der die andere gegebenes Verhältnis hat, zusammen ist gegeben.

Eine Größe AB sei einer Größe BC gegenüber um Gegebenes größer als im Verhältnis. Ich behaupte, daß auch die Summe AC derselben Größe CB gegenüber um Gegebenes größer ist als im Verhältnis.

Da AB gegen BC um Gegebenes größer ist als im Verhältnis, nehme man die gegebene Größe AD weg. Das Verhältnis Rest $DB:BC$ ist dann gegeben (Def. 11). Auch verbunden ist dann $DC:BC$ gegeben (§ 6). Und AB ist gegeben; also ist CA gegen CB um Gegebenes größer als im Verhältnis (Def. 11).

Zweitens sei AC gegen CB um Gegebenes größer als im Verhältnis. Ich behaupte, daß entweder der Rest AB derselben Größe BC gegenüber um Gegebenes größer ist als im Verhältnis, oder daß $AB +$ der anschließenden Größe, zu der BC gegebenes Verhältnis hat, gegeben ist.

Da AC gegen CB um Gegebenes größer ist als im Verhältnis, nehme man die gegebene Größe weg. Die gegebene Größe ist entweder $<$ oder $> AB$. Zunächst sei sie kleiner, sie sei AD. Dann ist das Verhältnis Rest $DC:CB$ gegeben (Def. 11). Dann ist, getrennt, $DB:BC$ gegeben (§ 5, § 8). Und AD ist gegeben;

also ist AB gegen BC um Gegebenes größer als im Verhältnis (Def. 11).

Andererseits sei die gegebene Größe $> AB$; man mache AE ihr gleich. Dann ist das Verhältnis Rest $EC:CB$ gegeben (Def. 11); folglich auch umgekehrt (V, Def. 13) $BC:EC$ gegeben; und, umgewendet (V, Def. 16), $BC:BE$ gegeben (§ 5). Nun ist $EB+BA$ gegeben; denn die Summe AE ist gegeben. Also ist BA + der anschließenden Größe, zu der BC gegebenes Verhältnis hat, gegeben.

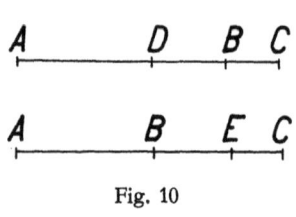

Fig. 10

§ 11

Wenn eine erste Größe einer zweiten gegenüber um Gegebenes größer ist als im Verhältnis, muß die erste Größe auch der Summe gegenüber um Gegebenes größer sein als im Verhältnis.

[Und wenn die erste Größe der Summe gegenüber um Gegebenes größer ist als im Verhältnis, muß die erste Größe auch dem Rest gegenüber um Gegebenes größer sein als im Verhältnis.]

Eine Größe AB sei BC gegenüber um Gegebenes größer als im Verhältnis. Ich behaupte, daß sie auch AC gegenüber um Gegebenes größer ist als im Verhältnis.

Da AB gegen BC um Gegebenes größer ist als im Verhältnis, nehme man die gegebene Größe AD weg; dann ist das Verhältnis Rest $DB:BC$ gegeben (Def. 11). Umgekehrt (V, Def. 13) und verbunden (V, 18), ist $CD:DB$ gegeben (§ 6). Man mache $AD:DE$ mit ihm zusammenfallend (VI, 12); dann ist auch $AD:DE$ gegeben. Nun ist AD gegeben; also auch DE gegeben (§ 2), folglich auch Rest EA gegeben (§ 4). Aber auch das Verhältnis der Summen $AC:EB$ ist gegeben (V, 12; Def. 2); folglich auch $EB:AC$ gegeben. Nun ist AE gegeben, BA also AC gegenüber um Gegebenes größer als im Verhältnis.

[Andererseits sei BA der Summe AC gegenüber um Gegebenes größer als im Verhältnis. Ich behaupte, daß dieselbe Größe AB auch BC gegenüber um Gegebenes größer ist als im Verhältnis.

Da AB gegen AC um Gegebenes größer ist als im Verhältnis, nehme man die gegebene Größe AE weg; dann ist das Verhältnis Rest $EB:AC$ gegeben (Def. 11). Folglich ist $AC:EB$ gegeben; man mache $AD:ED$ mit ihm zusammenfallend (VI, 10); dann ist $DA:ED$ gegeben, und umgewendet $DA:AE$ (§ 5) gegeben; umgekehrt ist $EA:AD$ gegeben. Nun ist AE gegeben; also ist auch die Summe AD gegeben (§ 2). Da das Verhältnis der Summen $AC:EB$ gegeben ist, hierin $AD:DE$ (ihm gleich) gegeben, muß auch das Verhältnis der Reste $CD:DB$ gegeben sein (V, 19; Def. 2); und, getrennt, ist $CB:DB$ gegeben (§ 5, § 8); folglich ist auch $DB:BC$ gegeben. Nun ist DA gegeben; also ist AB gegen BC um Gegebenes größer als im Verhältnis.]

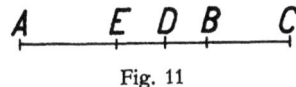

Fig. 11

§ 12

Hat man drei Größen und ist die Summe der ersten und zweiten gegeben, ferner die Summe der zweiten und dritten gegeben, dann ist entweder die erste der dritten gleich oder die eine um Gegebenes größer als die andere.

Man habe drei Größen AB, BC, CD; dabei sei $AB + BC$, nämlich AC gegeben, und $BC + CD$, nämlich BD gegeben. Ich behaupte, daß entweder $AB = CD$ oder daß die eine Größe um Gegebenes größer ist als die andere.

Da sowohl AC als BD gegeben ist, müssen die gegebenen Größen entweder gleich sein oder ungleich. Zunächst seien sie gleich, also $AC = BD$. Man nehme BC beiderseits weg; dann sind die Reste $AB = CD$.

Nunmehr seien sie nicht gleich, sondern $AC > BD$. Dann mache man $CE = BD$; hier ist BD gegeben, also CE gegeben. Auch die ganze Größe AC ist gegeben; also ist auch der Rest AE gegeben (§ 4). Hier ist $EC = BD$; so nehme man beiderseits BC weg; dann sind die Reste $BE = CD$. Und AE ist gegeben, also AB um Gegebenes größer als CD.

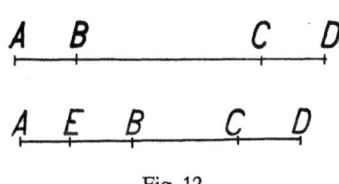

Fig. 12

§ 13

Hat man drei Größen und hat die erste zur zweiten gegebenes Verhältnis, während die zweite der dritten gegenüber um Gegebenes größer ist als im Verhältnis, dann muß auch die erste der dritten gegenüber um Gegebenes größer sein als im Verhältnis.

Man habe drei Größen AB, CD, e; dabei habe AB zu CD gegebenes Verhältnis, und CD sei e gegenüber um Gegebenes größer als im Verhältnis. Ich behaupte, daß auch AB gegen e um Gegebenes größer ist als im Verhältnis.

Da CD gegen e um Gegebenes größer ist als im Verhältnis, nehme man die gegebene Größe CF weg; dann ist das Verhältnis Rest $DF:e$ gegeben. Nun ist $AB:CD$ gegeben; man mache $AG:CF$ mit ihm zusammenfallend (VI, 12); dann ist auch $AG:CF$ gegeben. Nun ist CF gegeben; also auch AG gegeben (§ 2); also auch das Verhältnis der Reste $GB:DF$ gegeben (V, 19; Def. 2). Nun ist $DF:e$ gegeben; also ist auch $GB:e$ gegeben (§ 8). Und AG ist gegeben; also ist AB gegen e um Gegebenes größer als im Verhältnis (Def. 11).

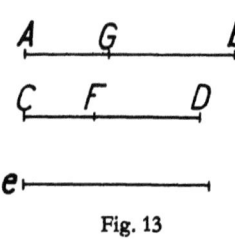

Fig. 13

§ 14

Haben zwei Größen zueinander gegebenes Verhältnis und fügt man beiden gegebene Größen an, so müssen entweder die Summen zueinander gegebenes Verhältnis haben, oder die eine ist der anderen gegenüber um Gegebenes größer als im Verhältnis.

Zwei Größen AB, CD mögen zueinander gegebenes Verhältnis haben, und zu beiden füge man gegebene Größen AE, CF hinzu. Ich behaupte, daß die Summen EB, FD entweder zueinander gegebenes Verhältnis haben, oder daß die eine der anderen gegenüber um Gegebenes größer ist als im Verhältnis.

Da EA, FC beide gegeben sind, ist $EA:FC$ gegeben (§ 1). Wenn dieses Verhältnis mit $AB:CD$ zusammenfällt, muß auch das Verhältnis der Summen $EB:FD$ gegeben sein (V, 12; Def. 2).

Nunmehr möge es nicht mit ihm zusammenfallen; dann mache man $AB:CD = GA:CF$ (VI, 12); dann ist auch $GA:FC$ gegeben. Nun ist FC gegeben; also auch GA gegeben (§ 2). Aber auch EA ist gegeben; also ist auch der Rest EG gegeben (§ 4). Da $AB:CD = GA:FC$, ist auch $GB:FD$ gegeben (V, 12; Def. 2). Und EG ist gegeben; EB ist also FD gegenüber um Gegebenes größer als im Verhältnis (Def. 11).

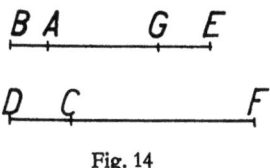

Fig. 14

§ 15

Haben zwei Größen zueinander gegebenes Verhältnis und nimmt man von beiden gegebene Größen weg, so müssen entweder die Reste zueinander gegebenes Verhältnis haben, oder der eine ist dem anderen gegenüber um Gegebenes größer als im Verhältnis.

Zwei Größen AB, CD mögen zueinander gegebenes Verhältnis haben, und von beiden nehme man gegebene Größen weg, EA von AB, CF von CD. Ich behaupte, daß die Reste EB, FD entweder zueinander gegebenes Verhältnis haben müssen, oder daß der eine dem anderen gegenüber um Gegebenes größer ist als im Verhältnis.

Da AE, CF beide gegeben sind, ist $AE:CF$ gegeben (§ 1). Wenn dieses Verhältnis mit $AB:CD$ zusammenfällt, muß auch das Verhältnis der Reste $EB:FD$ gegeben sein (V, 19; Def. 2).

Nunmehr möge es nicht mit ihm zusammenfallen; dann mache man $AB:CD = AG:CF$. Hier ist $AB:CD$ gegeben; dann ist auch $AG:CF$ gegeben. Nun ist CF gegeben; also auch AG gegeben (§ 2). Aber auch AE ist gegeben; also ist auch der Rest EG gegeben (§ 4). Da $AB:CD = AG:CF$, ist das Verhältnis der Reste $GB:FD$ gegeben (V, 19; Def. 2). Und EG ist gegeben; EB ist also FD gegenüber um Gegebenes größer als im Verhältnis (Def. 11).

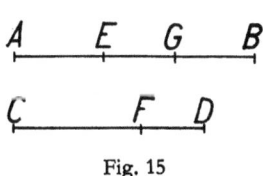

Fig. 15

§ 16

Haben zwei Größen zueinander gegebenes Verhältnis und nimmt man von der einen eine gegebene Größe weg, während man zur anderen eine gegebene Größe hinzufügt, so muß die Summe dem Rest gegenüber um Gegebenes größer sein als im Verhältnis.

Zwei Größen AB, CD mögen gegebenes Verhältnis haben, und von CD nehme man eine gegebene Größe CE weg, zu AB dagegen füge man eine gegebene Größe FA hinzu. Ich behaupte, daß die Summe FB dem Rest ED gegenüber um Gegebenes größer ist als im Verhältnis.

Da $AB:CD$ gegeben ist, mache man $AG:CE$ mit ihm zusammenfallend (VI, 12); dann ist $AG:CE$ gegeben. Nun ist CE gegeben; also auch AG gegeben. Aber auch AF ist gegeben; also ist auch die Summe FG gegeben (§ 3). Da $AB:CD = AG:CE$, ist auch das Verhältnis der Reste $GB:ED$ gegeben (V, 19; Def. 2). Und GF ist gegeben; FB ist also ED gegenüber um Gegebenes größer als im Verhältnis (Def. 11).

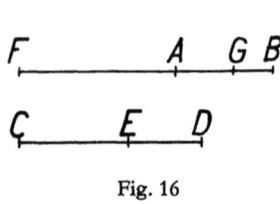

Fig. 16

§ 17

Hat man drei Größen, von denen die erste der zweiten gegenüber um Gegebenes größer ist als im Verhältnis und auch die dritte derselben gegenüber um Gegebenes größer ist als im Verhältnis, dann muß entweder die erste zur dritten gegebenes Verhältnis haben, oder die eine muß der anderen gegenüber um Gegebenes größer sein als im Verhältnis.

Man habe drei Größen AB, c, DE, von denen AB, DE beide c gegenüber um Gegebenes größer seien als im Verhältnis. Ich behaupte, daß entweder AB, DE zueinander gegebenes Verhältnis haben, oder daß das eine dem anderen gegenüber um Gegebenes größer ist als im Verhältnis.

Da DE gegen c um Gegebenes größer ist als im Verhältnis, nehme man die gegebene Größe DG weg;

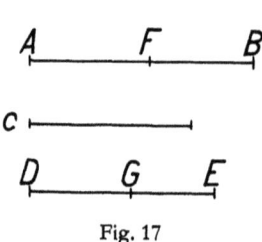

Fig. 17

dann ist das Verhältnis Rest $GE:c$ gegeben (Def. 11). Aus demselben Grunde ist auch $FB:c$ gegeben; also ist auch $FB:GE$ gegeben (§ 8). Ihnen sind gegebene Größen AF, DG hinzugefügt; entweder haben also die Summen AB, DE zueinander gegebenes Verhältnis, oder die eine ist der anderen gegenüber um Gegebenes größer als im Verhältnis (§ 14).

§ 18

Hat man drei Größen, von denen eine jeder der beiden anderen gegenüber um Gegebenes größer ist als im Verhältnis, so müssen entweder diese beiden zueinander gegebenes Verhältnis haben, oder die eine ist der anderen gegenüber um Gegebenes größer als im Verhältnis.

Man habe drei Größen AB, CD, EF, von denen eine, CD den beiden anderen, AB, EF, gegenüber um Gegebenes größer sei als im Verhältnis. Ich behaupte, daß entweder AB zu EF gegebenes Verhältnis hat, oder daß das eine dem anderen gegenüber um Gegebenes größer ist als im Verhältnis.

Da CD gegen AB um Gegebenes größer ist als im Verhältnis, nehme man die gegebene Größe CG weg; dann ist das Verhältnis Rest $GD:AB$ gegeben (Def. 11). Man mache $CG:AH$ mit ihm zusammenfallend (VI, 12); dann ist auch $CG:AH$ gegeben. Nun ist CG gegeben; also auch AH gegeben. Auch das Verhältnis der Summen $CD:HB$ ist dann gegeben (V, 12; Def. 2). Ebenso nehme man, da CD gegen EF um Gegebenes größer ist als im Verhältnis, die gegebene Größe CK weg; dann ist das Verhältnis Rest $KD:EF$ gegeben. Man mache $CK:LE$ mit ihm zusammenfallend; dann ist $CK:LE$ gegeben. Nun ist CK gegeben; also auch LE gegeben. Auch das Verhältnis der Summen $CD:LF$ ist dann gegeben. Aber $CD : HB$ ist gegeben; auch $HB:LF$ ist also gegeben (§ 8). Von diesen hat man gegebene Größen HA, LE weggenommen; also müssen entweder AB, EF zueinander gegebenes Verhältnis haben, oder das eine ist dem anderen gegenüber um Gegebenes größer als im Verhältnis (§ 15).

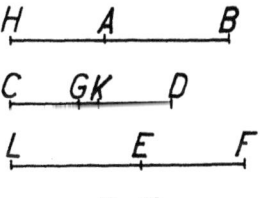

Fig. 18

§ 19

Hat man drei Größen, von denen die erste der zweiten gegenüber um Gegebenes größer ist als im Verhältnis, während auch die zweite der dritten gegenüber um Gegebenes größer ist als im Verhältnis, dann muß auch die erste der dritten gegenüber um Gegebenes größer sein als im Verhältnis.

Man habe drei Größen AB, CD, e, von denen AB gegen CD um Gegebenes größer sei als im Verhältnis und CD gegen e um Gegebenes größer sei als im Verhältnis. Ich behaupte, daß auch AB gegen e um Gegebenes größer ist als im Verhältnis.

Da CD gegen e um Gegebenes größer ist als im Verhältnis, nehme man die gegebene Größe CF weg; dann ist das Verhältnis Rest $FD:e$ gegeben. Ebenso nehme man, da AB gegen CD um Gegebenes größer ist als im Verhältnis, die gegebene Größe AG weg; dann ist das Verhältnis Rest $GB:CD$ gegeben. Man mache $GH:CF$ mit ihm zusammenfallend (VI, 12); dann ist auch $GH:CF$ gegeben. Nun ist CF gegeben; also auch GH gegeben. Aber auch GA ist gegeben; also auch die Summe HA gegeben (§ 3). Da $GB:CD = GH:CF$, ist auch das Verhältnis der Reste $HB:FD$ gegeben (V, 19; Def. 2). Nun ist $FD:e$ gegeben; also ist auch $HB:e$ gegeben (§ 8). Und HA ist gegeben; BA ist also e gegenüber um Gegebenes größer als im Verhältnis (Def. 11).

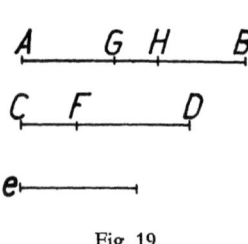

Fig. 19

§ 20

Hat man zwei gegebene Größen und nimmt von ihnen Größen weg, die zueinander gegebenes Verhältnis haben, dann müssen entweder die Reste zueinander gegebenes Verhältnis haben, oder der eine ist dem anderen gegenüber um Gegebenes größer als im Verhältnis.

Man habe zwei gegebene Größen AB, CD, und von AB, CD nehme man die Größen AE, CF, die zueinander gegebenes Verhältnis haben, weg. Ich behaupte, daß entweder EB, FD zueinander gegebenes Verhältnis haben, oder daß das eine dem anderen gegenüber um Gegebenes größer ist als im Verhältnis.

§ 21 — § 23   19

Da AB, CD beide gegeben sind, ist $AB:CD$ gegeben (§ 1). Wenn dieses Verhältnis mit $AE:CF$ zusammenfällt, muß auch das Verhältnis der Reste $EB:FD$ gegeben sein (V, 19; Def. 2). Nunmehr möge es nicht mit ihm zusammenfallen; dann mache man $EA:CF = AG:CD$ (VI, 12). Hier ist $AE:CF$ gegeben; also auch $AG:CD$ gegeben. Nun ist CD gegeben; also auch AG gegeben. Aber auch AB ist gegeben; also ist auch der Rest GB gegeben (§ 4). Da $AE:CF = AG:CD$, ist auch das Verhältnis der Reste $GE:FD$ gegeben (V, 19; Def. 2). Aber GB ist gegeben; EB ist also FD gegenüber um Gegebenes größer als im Verhältnis (Def. 11).

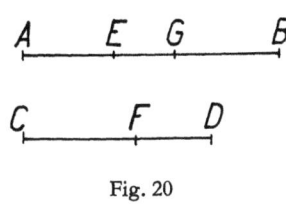

Fig. 20

§ 21

[Hat man zwei gegebene Größen und fügt man ihnen Größen an, die zueinander gegebenes Verhältnis haben, dann müssen die Summen entweder zueinander gegebenes Verhältnis haben, oder die eine ist der anderen gegenüber um Gegebenes größer als im Verhältnis.]

§ 22

Haben zwei Größen zu einer festen Größe gegebenes Verhältnis, so muß auch die Summe zur festen Größe gegebenes Verhältnis haben.

Zwei Größen AB, BC mögen zu irgend einer Größe d gegebenes Verhältnis haben. Ich behaupte, daß auch die Summe AC zur festen Größe d gegebenes Verhältnis hat.

Da AB, BC beide zu d gegebenes Verhältnis haben, ist $AB:BC$ gegeben (§ 8); also ist auch, verbunden (§ 6), $AC:BC$ gegeben. Nun ist $BC:d$ gegeben; also ist auch $AC:d$ gegeben (§ 8).

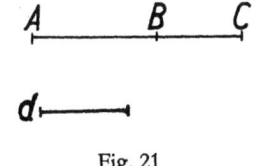

Fig. 21

§ 23

Hat ein Ganzes zu einem Ganzen gegebenes Verhältnis, während auch die Teile zu den Teilen gegebene Verhältnisse, jedoch nicht dieselben haben, dann müssen die Größen allgemein zueinander gegebene Verhältnisse haben.

§ 24

Das Ganze AB habe zum Ganzen CD gegebenes Verhältnis, während auch die Teile AE, EB zu den Teilen CF, FD gegebene Verhältnisse, jedoch nicht dieselben, haben mögen. Ich behaupte, daß die Größen allgemein zueinander gegebene Verhältnisse haben müssen.

Da $AE:CF$ gegeben ist, mache man $AB:CG$ mit ihm zusammenfallend (VI, 12); dann ist $AB:CG$ gegeben; also muß auch das Verhältnis der Reste $EB:FG$ gegeben sein (V, 19; Def. 2). Nun ist $EB:FD$ gegeben; also auch $FD:FG$ gegeben (§ 8). Auch umgewendet (§ 5) ist $FD:DG$ gegeben. Da AB: sowohl DC als CG gegeben ist, ist $DC:CG$ gegeben (§ 8); also auch umgewendet (§ 5) $CD:DG$ gegeben. $GD:DF$ ist aber gegeben; also ist auch $CD:DF$ gegeben (§ 8); folglich auch $CF:FD$ gegeben (§ 5, § 8). Andererseits sind $CF:AE$ und $FD:BE$ gegeben; folglich (§ 8) allgemein die Verhältnisse der Größen zueinander gegeben.

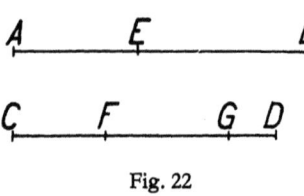

Fig. 22

§ 24

Stehen drei Strecken in (stetiger) Proportion und hat die erste zur dritten gegebenes Verhältnis, so muß sie auch zur zweiten gegebenes Verhältnis haben.

Drei Strecken a, b, c mögen in Proportion stehen, $a:b = b:c$, und a habe zu c gegebenes Verhältnis. Ich behaupte, daß es auch zu b gegebenes Verhältnis haben muß.

Man lege eine gegebene Strecke d hin. $a:c$ ist gegeben; man mache $d:f$ mit ihm zusammenfallend (VI, 12); dann ist $d:f$ gegeben. Hier ist d gegeben; also auch f gegeben. Man verschaffe sich zwischen d, f die Mittlere Proportionale e (VI, 13); dann ist $d \cdot f = e^2$ (VI, 17). Nun ist $d \cdot f$ gegeben; denn beide sind einzeln gegeben; also ist auch e^2 gegeben; also e gegeben. Auch d ist aber gegeben; also $d:e$ gegeben (§ 1). Da nun $a:c = d:f$

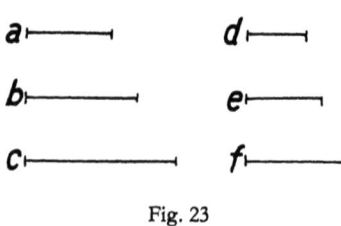

Fig. 23

und $a:c = a^2 : a\cdot c$ (VI, 1), sowie $d:f = d^2 : d\cdot f$, so ist $a^2 : a\cdot c$ $= d^2 : d\cdot f$ (V, 11). Nun ist $a\cdot c = b^2$ (VI, 17); denn a, b, c stehen in Proportion. Und $d\cdot f = e^2$; also (V, 7) $a^2:b^2 = d^2:e^2$. Also ist $a:b = d:e$ (VI, 22 Hilfss.). Hier ist $d:e$ gegeben; also ist auch $a:b$ gegeben.

§ 25

Wenn zwei der Lage nach gegebene Linien einander schneiden, ist der Punkt, in dem sie einander schneiden, der Lage nach gegeben.

Zwei der Lage nach gegebene Linien AB, CD mögen einander im Punkte E schneiden. Ich behaupte, daß der Punkt E gegeben ist.

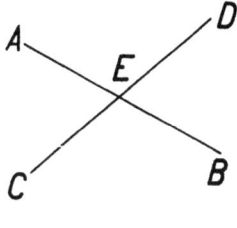

Fig. 24

Anderenfalls müßte Punkt E anders fallen; dann müßte auch die Lage einer der Linien AB, CD anders fallen; sie fällt aber nicht anders. Also ist der Punkt E gegeben.

§ 26

Wenn von einer Strecke die Enden der Lage nach gegeben sind, ist die Strecke nach Lage und Größe gegeben.

Die Enden A, B einer Strecke seien der Lage nach gegeben. Ich behaupte, daß AB nach Lage und Größe gegeben ist.

Wenn, während A fest bleibt, von der Strecke AB Lage oder Größe sich änderte, fiele auch Punkt B anders; er fällt aber nicht anders. Also ist die Strecke AB nach Lage und Größe gegeben.

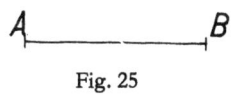

Fig. 25

§ 27

Wenn von einer nach Lage und Größe gegebenen Strecke das eine Ende gegeben ist, muß auch das andere gegeben sein.

Von einer nach Lage und Größe gegebenen Strecke AB sei das eine Ende A gegeben. Ich behaupte, daß auch B gegeben ist.

Wenn, während A fest bleibt, Punkt B anders fiele, müßte sich von Strecke AB entweder Lage oder Größe ändern; sie ändern sich aber nicht. Also ist der Punkt B gegeben.

Fig. 26

§ 28

Wenn man durch einen gegebenen Punkt parallel zu einer der Lage nach gegebenen Geraden eine gerade Linie zieht, ist die gezogene der Lage nach gegeben.

Durch einen gegebenen Punkt A ziehe man parallel einer der Lage nach gegebenen Geraden BC die gerade Linie DAE. Ich behaupte, daß DAE der Lage nach gegeben ist.

Anderenfalls müßte, während Punkt A fest bleibt, die Lage von DAE anders fallen. Sie falle, während die Parallele BC beharrt, anders, sei FAG; dann wäre $CB \parallel FAG$. Hier ist $BC \parallel DAE$; DAE wäre also auch $\parallel GAF$ (I, 30). Dabei träfe sie sie; dies wäre Unsinn (I, Def. 23). Die Lage von DAE kann also nicht anders fallen; DAE ist also festgelegt.

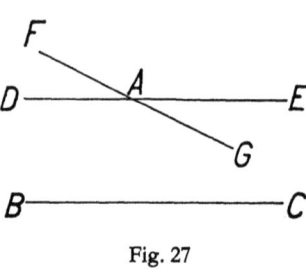

Fig. 27

§ 29

Wenn man an einer der Lage nach gegebenen Geraden in einem auf ihr gegebenen Punkte eine gerade Linie zieht, welche einen gegebenen Winkel bildet, ist die gezogene der Lage nach gegeben.

An einer der Lage nach gegebenen Geraden AB ziehe man in einem auf ihr gegebenen Punkte C die gerade Linie CD, welche einen gegebenen Winkel BCD bildet. Ich behaupte, daß CD festgelegt ist.

Anderenfalls müßte, während Punkt C fest bleibt, die Lage von CD, indem sie die Größe des Winkels BCD ungeändert läßt, anders fallen. Sie falle anders, sei CE. Dann wäre $\sphericalangle DCB = ECB$, der größere dem kleineren (I, Ax. 8); dies wäre Unsinn. Die Lage von DC kann also nicht anders fallen; CD ist also festgelegt.

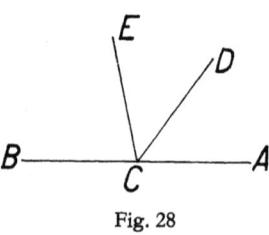

Fig. 28

§ 30

Wenn man von einem gegebenen Punkte zu einer der Lage nach gegebenen Geraden eine gerade Linie zieht, welche einen gegebenen Winkel bildet, ist die gezogene der Lage nach gegeben.

Von einem gegebenen Punkte A ziehe man zu einer der Lage nach gegebenen Geraden BC die gerade Linie AD, welche einen gegebenen Winkel ADC bildet. Ich behaupte, daß AD festgelegt ist.

Anderenfalls müßte, während Punkt A fest bleibt, die Lage von AD, indem sie die Größe des Winkels ADC ungeändert läßt, anders fallen. Sie falle anders, sei AF. Dann wäre ∢ $ADC = AFC$, der größere dem kleineren (I, 16); dies wäre unmöglich. Die Lage von AD kann also nicht anders fallen; AD ist also festgelegt.

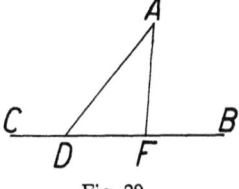

Fig. 29

§ 31

Wenn man von einem gegebenen Punkte zu einer der Lage nach gegebenen Geraden eine der Größe nach gegebene Strecke zieht, ist sie auch der Lage nach gegeben.

Von einem gegebenen Punkte A ziehe man zu einer der Lage nach gegebenen Geraden BC eine der Größe nach gegebene Strecke (DA). Ich behaupte, daß sie auch der Lage nach gegeben ist.

Mit A als Mittelpunkt, AD als Abstand zeichne man den Kreis EDF. Dann ist der Kreis EDF festgelegt (Def. 6); denn sein Mittelpunkt A ist der Lage nach gegeben und der Radius AD der Größe nach. Aber auch die Gerade BC ist festgelegt. Wenn aber zwei der Lage nach gegebene Linien einander schneiden, ist der Punkt, in dem sie einander schneiden, gegeben (§ 25); also ist D gegeben. Aber auch A ist gegeben; also ist AD festgelegt (§ 26).

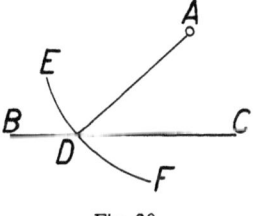

Fig. 30

§ 32

Zieht man zwischen der Lage nach gegebene parallele Geraden eine Strecke, welche gegebene Winkel bildet, so ist die gezogene der Größe nach gegeben.

Zwischen der Lage nach gegebene parallele Geraden AB, CD ziehe man die Strecke EF, welche gegebene Winkel BEF, EFD bildet. Ich behaupte, daß EF der Größe nach gegeben ist.

Man nehme auf CD einen gegebenen Punkt G und ziehe $GH \parallel EF$ durch G (I, 31). Da $GH \parallel EF$ und die Gerade CD sie trifft, ist $\sphericalangle EFD = HGD$ (I, 29). Nun ist EFD gegeben, also auch HGD gegeben. Da man hier zu einer der Lage nach gegebenen Geraden CD von einem auf ihr gegebenen Punkte G die gerade Linie GH, welche einen gegebenen Winkel HGF bildet, gezogen hat, ist GH festgelegt (§ 29). Aber auch AB ist festgelegt; also ist auch Punkt H gegeben (§ 25). Und auch G ist gegeben; also ist GH der Größe nach gegeben (§ 26); dabei ist es $= EF$ (I, 34). Also ist EF der Größe nach gegeben.

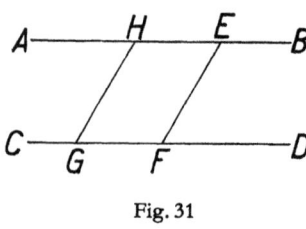

Fig. 31

§ 33

Zieht man zwischen der Lage nach gegebene parallele Geraden eine der Größe nach gegebene Strecke, so muß sie gegebene Winkel bilden.

Zwischen der Lage nach gegebene parallele Geraden AB, CD ziehe man die der Größe nach gegebene Strecke EF. Ich behaupte, daß sie gegebene Winkel BEF, EFD bildet.

Man nehme auf AB einen gegebenen Punkt G und ziehe $GH \parallel EF$ durch G (I, 31); dann ist $FE = GH$ (I, 34). Nun ist EF gegeben; also auch GH gegeben. Hier ist G gegeben; der mit G als Mittelpunkt und GH als Abstand gezeichnete Kreis muß also festgelegt sein. Man zeichne ihn, er sei KHL; dann ist KHL festgelegt. Aber auch CD ist festgelegt; also ist Punkt H gegeben

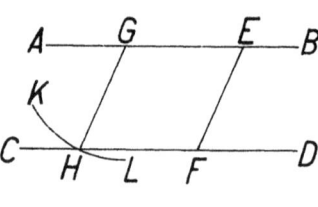

Fig. 32

(§ 25). Auch G ist aber gegeben; also ist GH festgelegt (§ 26). Aber auch CD ist festgelegt; also ist $\sphericalangle\, GHD$ gegeben. Dabei ist er $= EFD$ (I, 29). Also ist $\sphericalangle\, EFD$ gegeben (Def. 1); also ist auch der letzte Winkel FEB gegeben (I, 29; § 4).

§ 34

Zieht man von einem gegebenen Punkte aus eine gerade Linie, die der Lage nach gegebene parallele Geraden trifft, so muß sie nach gegebenem Verhältnis geteilt werden.

Von einem gegebenen Punkte E aus ziehe man die gerade Linie EFG, die der Lage nach gegebene parallele Geraden AB, CD treffe. Ich behaupte, daß das Verhältnis $EF:FG$ gegeben ist.

Man fälle vom Punkte E auf CD das Lot EKH (I, 12). Da man von einem gegebenen Punkte E zu einer der Lage nach gegebenen Geraden CD eine gerade Linie EH gezogen hat, welche einen gegebenen Winkel EHG bildet, ist EH festgelegt (§ 30). Aber auch AB, CD sind beide festgelegt; K, H sind also beide gegeben (§ 25). Auch E ist gegeben; also sind EK, KH beide gegeben (§ 26). Also ist das Verhältnis $EK:KH$ gegeben (§ 1). Nun ist $EK:KH = EF:FG$ (VI, 2). Also ist das Verhältnis $EF:FG$ gegeben.

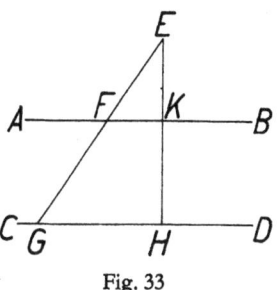

Fig. 33

§ 35

Zieht man von einem gegebenen Punkte zu einer der Lage nach gegebenen Geraden eine Strecke, teilt sie nach gegebenem Verhältnis und zieht durch den Teilpunkt parallel der der Lage nach gegebenen Geraden eine gerade Linie, so ist die gezogene der Lage nach gegeben.

Von einem gegebenen Punkte A ziehe man zu einer der Lage nach gegebenen Geraden CB die Strecke AD, teile sie nach gegebenem Verhältnis $DF:FA$ und ziehe $FEG \parallel BC$ durch E. Ich behaupte, daß FEG festgelegt ist.

Man fälle von A auf BC das Lot AH (I, 12). Da man von einem gegebenen Punkte A zu einer der Lage nach gegebenen

Geraden *BC* eine gerade Linie *AH* gezogen hat, welche einen gegebenen Winkel *AHD* bildet, ist *AH* festgelegt (§ 30). Aber auch *BC* ist festgelegt; also ist Punkt *H* gegeben (§ 25). Nun ist auch *A* gegeben; also ist *AH* gegeben (§ 26). Da hier $DE:EA$ gegeben ist, aber $DE:EA = HK:KA$ (VI, 2), ist auch $HK:KA$ gegeben. Verbunden (§ 6) ist also $HA:AK$ gegeben.

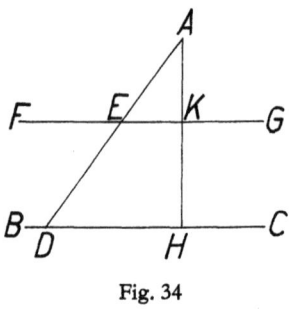

Fig. 34

Aber *HA* ist gegeben (§ 25, § 26); also ist *AK* gegeben (§ 2), auch der Lage nach. Nun ist *A* gegeben; also ist auch *K* gegeben (§ 27). Da man so durch einen gegebenen Punkt *K* parallel zu einer der Lage nach gegebenen Geraden *BC* die gerade Linie *FG* gezogen hat, ist *FG* festgelegt (§ 28).

§ 36

[*Zieht man von einem gegebenen Punkte zu einer der Lage nach gegebenen Geraden eine Strecke, setzt ihr irgend eine Strecke, die zu ihr gegebenes Verhältnis hat, an und zieht durch das Ende der angesetzten Strecke parallel zu der der Lage nach gegebenen Geraden eine gerade Linie, so ist die gezogene der Lage nach gegeben.*]

§ 37

Zieht man zwischen der Lage nach gegebene parallele Geraden eine Strecke, teilt sie nach gegebenem Verhältnis und zieht durch den Teilpunkt parallel den der Lage nach gegebenen Geraden eine gerade Linie, so ist die gezogene der Lage nach gegeben.

Zwischen der Lage nach gegebene parallele Geraden *AB*, *CD* ziehe man die Strecke *EF*, teile sie nach gegebenem Verhältnis $FG:GE$ und ziehe $HK \parallel AB$ oder *CD* durch *G*. Ich behaupte, daß *HK* festgelegt ist.

Man nehme auf *AB* einen gegebenen Punkt *L* und fälle von *L* auf *CD* das Lot *LN* (I, 12). Da man von einem gegebenen Punkte *L* zu einer der Lage nach gegebenen Geraden *CD* eine gerade Linie *LN* gezogen hat, welche einen gegebenen Winkel *LND* bildet, ist *LN* festgelegt (§ 30). Aber auch *CD* ist festgelegt; also ist Punkt N gegeben (§ 25). Nun ist auch L gegeben; also ist LN gegeben (§ 26). Da hier $FG:GE$ gegeben ist, aber $FG:GE = NM:ML$ (VI, 2), ist $NM:ML$ gegeben, folglich auch $NL:ML$ gegeben (§ 6). Aber NL ist gegeben; also ist LM gegeben (§ 2), auch der Lage nach. Nun ist L gegeben; also ist auch M gegeben (§ 27). Da man so durch einen gegebenen Punkt M parallel zu einer der Lage nach gegebenen Geraden CD die gerade Linie HK gezogen hat, ist HK festgelegt (§ 28).

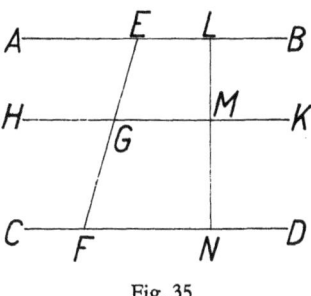

Fig. 35

§ 38

Zieht man zwischen der Lage nach gegebene parallele Geraden eine Strecke, setzt ihr irgend eine Strecke, die zu ihr gegebenes Verhältnis hat, an und zieht durch das Ende parallel zu den der Lage nach gegebenen Geraden eine gerade Linie, so ist die gezogene der Lage nach gegeben.

Zwischen der Lage nach gegebene parallele Geraden AB, CD ziehe man die Strecke EF, setze ihr eine Strecke EG, die zu EF gegebenes Verhältnis hat, an und ziehe eine gerade Linie $HK \parallel AB$ oder CD durch G. Ich behaupte, daß HK festgelegt ist.

Man nehme auf AB einen gegebenen Punkt N, fälle von N auf CD das Lot NM (I, 12) und ziehe nach L durch. Da man von einem gegebenen Punkte N zu einer der Lage nach gegebenen Geraden CD eine gerade Linie NM gezogen hat, welche einen gegebenen Winkel NMD bildet, ist die gerade Linie LNM festgelegt (§ 30). Aber auch CD ist festgelegt; also ist Punkt M gegeben (§ 25). Nun ist auch N gegeben; also ist NM gegeben (§ 26). Da hier $FE:EG$ gegeben ist, aber $FE:GE =$

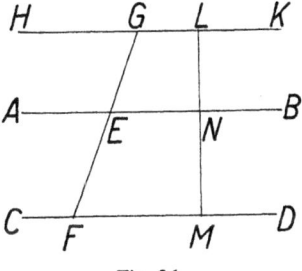

Fig. 36

$NM:NL$ (VI, 2), ist $NM:NL$ gegeben. Aber NM ist gegeben; also ist NL gegeben (§ 2), auch der Lage nach. Nun ist N gegeben; also ist auch L gegeben (§ 27). Da man so durch einen gegebenen Punkt L parallel zu einer der Lage nach gegebenen Geraden AB die gerade Linie HK gezogen hat, ist HK festgelegt (§ 28).

§ 39

Wenn von einem Dreieck jede Seite der Größe nach gegeben ist, ist das Dreieck der Gestalt nach gegeben.

Vom Dreieck ABC sei jede Seite der Größe nach gegeben. Ich behaupte, daß $\triangle ABC$ der Gestalt nach gegeben ist.

Man lege eine der Lage nach gegebene gerade Linie DM hin, in D begrenzt, nach der anderen Seite unbegrenzt, und mache $DE = AB$. AB ist gegeben, also auch DE gegeben, auch der Lage nach. Nun ist D gegeben, also auch E gegeben (§ 27). Und (man mache) $EF = BC$. BC ist gegeben, also auch EF gegeben, auch der Lage nach. Nun ist E gegeben, also auch F gegeben. Und (man mache) $FG = AC$. AC ist gegeben, also auch FG gegeben, auch der Lage nach. Nun ist F gegeben, also auch G gegeben. Mit E als Mittelpunkt, ED als Abstand zeichne man den Kreis DKH; DKH ist dann festgelegt (Def. 6). Ebenso zeichne man mit F als Mittelpunkt, FG als Abstand den Kreis GKL; dann ist GKL festgelegt. Aber auch der Kreis DHK ist festgelegt; also ist auch Punkt K gegeben (§ 25). E, F sind beide auch gegeben. Jede der Strecken KE, EF, FK ist also nach Lage und Größe gegeben (§ 26); also ist $\triangle KEF$ der Gestalt nach gegeben (§ 1, Def. 3). Dabei ist es $=$ und $\sim ABC$ (I, 8). Also ist $\triangle ABC$ der Gestalt nach gegeben (Def. 3).

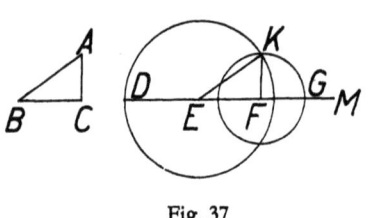

Fig. 37

§ 40

Wenn von einem Dreieck jeder Winkel der Größe nach gegeben ist, ist das Dreieck der Gestalt nach gegeben.

§ 41

Vom Dreieck ABC sei jeder Winkel der Größe nach gegeben. Ich behaupte, daß $\triangle ABC$ der Gestalt nach gegeben ist.
Man gehe von einer nach Lage und Größe gegebenen Strecke DE aus und trage an DE in den Punkten auf ihm D, E geradlinige Winkel $EDF = CBA$, $DEF = ACB$ an (I, 23); dann sind die letzten Winkel $BAC = DFE$ (I, 32). Nun ist jeder der Winkel A, B, C gegeben; also ist auch jeder der Winkel D, E, F gegeben. Da man hier an einer der Lage nach gegebenen Geraden DE in einem auf ihr gegebenen Punkte D eine gerade Linie DF gezogen hat, welche einen gegebenen Winkel D bildet, ist DF festgelegt (§ 29). Aus demselben Grunde ist EF festgelegt; also Punkt F gegeben (§ 25). D, E sind beide auch gegeben; also ist jede der Strecken DF, DE, EF nach Lage und Größe gegeben (§ 26); also ist $\triangle DFE$ der Gestalt nach gegeben (§ 39). Dabei ist es $\sim \triangle ABC$ (VI, 4). $\triangle ABC$ ist also der Gestalt nach gegeben.

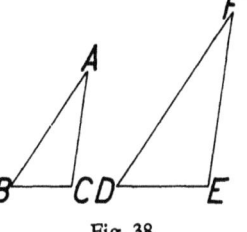

Fig. 38

§ 41

Wenn ein Dreieck einen gegebenen Winkel hat und die Seiten um den gegebenen Winkel zueinander gegebenes Verhältnis haben, ist das Dreieck der Gestalt nach gegeben.

Das Dreieck ABC habe einen gegebenen Winkel BAC, und die Seiten um $\angle BAC$, nämlich BA, AC mögen zueinander gegebenes Verhältnis haben. Ich behaupte, daß $\triangle ABC$ der Gestalt nach gegeben ist.
Man gehe von einer nach Lage und Größe gegebenen Strecke DF aus und trage an die Gerade DF im Punkte F auf ihr $\angle DFE = BAC$ an (I, 23). $\angle BAC$ ist gegeben; also ist auch $\angle DFE$ gegeben. Da man hier an einer der Lage nach gegebenen Geraden DF in einem auf ihr gegebenen Punkte F eine gerade Linie FE gezogen hat, die einen gegebenen Winkel DFE bildet, ist FE festgelegt (§ 29). $BA : AC$ ist gegeben; so mache man $DF : FE$ mit ihm zusammenfallend (VI, 12) und ziehe DE. Dann ist $DF : FE$ gegeben; nun ist DF gegeben; also ist FE gegeben, auch der Lage nach. Nun ist F gegeben,

also ist auch E gegeben. D, F sind beide auch gegeben; also ist jede der Strecken DF, FE, DE nach Lage und Größe gegeben. Also ist $\triangle DFE$ der Gestalt nach gegeben. Da in den zwei Dreiecken ABC, DEF ein Winkel einem Winkel gleich ist, $BAC = DFE$, und die Seiten um BAC, DFE in Proportion stehen, ist $\triangle ABC \sim \triangle DEF$ (VI, 6). Hier ist $\triangle DFE$ der Gestalt nach gegeben; also ist auch $\triangle ABC$ der Gestalt nach gegeben (Def. 3).

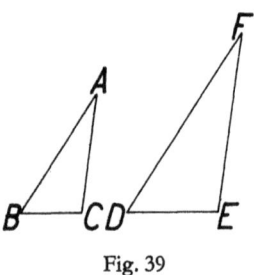

Fig. 39

§ 42

Haben von einem Dreieck die Seiten gegebenes Verhältnis zueinander, so ist das Dreieck der Gestalt nach gegeben.

Vom Dreieck ABC mögen die Seiten gegebenes Verhältnis zueinander haben. Ich behaupte, daß $\triangle ABC$ der Gestalt nach gegeben ist.

Man gehe von einer der Größe nach gegebenen Strecke d aus. $AB:BC$ ist gegeben; so mache man $d:e$ mit ihm zusammenfallend (VI, 12). Hier ist d gegeben, also auch e gegeben. Ebenso ist $BC:AC$ gegeben; so mache man $e:f$ mit ihm zusammenfallend. Hier ist e gegeben, also auch f gegeben. Aus drei Strecken, die den drei gegebenen d, e, f, von denen zwei, beliebig zusammengenommen, größer sind als die dritte (I, 20), gleich sind, errichte man das Dreieck GHK (I, 22), so daß $d = GH$, $e = HK$, $= GK$. d, e, f sind sämtlich gegeben; also sind GH, HK, KG sämtlich der Größe nach gegeben; $\triangle GHK$ ist also der Gestalt nach gegeben (§ 39). Da $AB:BC = d:e$, $d = GH$, $e = HK$, ist $AB:BC = GH:HK$. Ebenso ist, da $BC:CA = e:f$, $e = HK$, $f = GK$, $BC:CA = HK:KG$. Wie bewiesen, ist $AB:BC = HG:HK$; also, über gleiches weg (V, 22), $AB:AC = HG:GK$. Also ist $\triangle ABC \sim \triangle GHK$ (VI, 5). Nun ist $\triangle GHK$ der Gestalt nach gegeben; also ist auch $\triangle ABC$ der Gestalt nach gegeben (Def. 3).

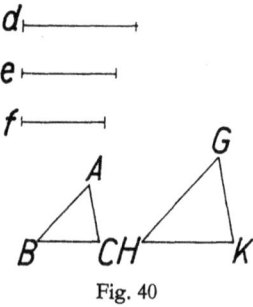

Fig. 40

§ 43

Haben in einem rechtwinkligen Dreieck die Seiten um einen der spitzen Winkel gegebenes Verhältnis zueinander, so ist das Dreieck der Gestalt nach gegeben.

Im rechtwinkligen Dreieck ABC mit dem rechten Winkel BAC mögen die Seiten um einen seiner spitzen Winkel ABC, nämlich CB, BA zueinander gegebenes Verhältnis haben. Ich behaupte, daß $\triangle ABC$ der Gestalt nach gegeben ist.
Man gehe von einer nach Lage und Größe gegebenen Strecke DE aus und zeichne über DE den Halbkreis DGE; der Halbkreis DGE ist dann festgelegt. $CB:BA$ ist gegeben; so mache man $DE:f$ mit ihm zusammenfallend (VI, 12); auch $DE:f$ ist dann gegeben. Hier ist DE gegeben; also ist auch f gegeben. Nun ist $CB > BA$ (I, 19), also auch $ED > f$ (V, Def. 5). Man trage $DG = f$ ein (IV, 1), ziehe GE und zeichne mit D als Mittelpunkt, DG als Abstand den Kreis HGK; Kreis HGK ist dann festgelegt; denn sein Mittelpunkt ist der Lage nach und sein Radius der Größe nach gegeben. Auch der Halbkreis DGE ist aber festgelegt; also ist Punkt G gegeben (§ 25). Auch D, E sind beide gegeben; also sind GD, DE, EG sämtlich nach Lage und Größe gegeben; also ist $\triangle GDE$ der Gestalt nach gegeben.
Da ABC, DEG zwei Dreiecke sind, in denen ein Winkel einem Winkel gleich ist, $BAC = DGE$ (III, 31), und um weitere Winkel CBA, EDG die Seiten in Proportionen stehen, während die letzten Winkel BCA, DEG beide zugleich kleiner als ein Rechter sind (I, 17), ist $\triangle ABC \sim \triangle DEG$ (VI, 7). Hier ist $\triangle DEG$ der Gestalt nach gegeben; also ist auch $\triangle ABC$ der Gestalt nach gegeben (Def. 3).

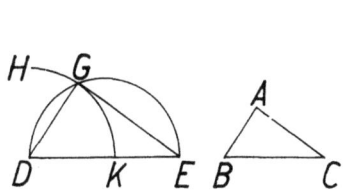

Fig. 41

§ 44

Wenn in einem Dreieck ein Winkel gegeben ist und die Seiten um einen weiteren Winkel zueinander gegebenes Verhältnis haben, so ist das Dreieck der Gestalt nach gegeben.

Man habe ein Dreieck ABC, in dem ein Winkel, BAC, gegeben sei, und die Seiten AB, BC um einen weiteren Winkel ABC mögen zueinander gegebenes Verhältnis haben. Ich behaupte, daß $\triangle ABC$ der Gestalt nach gegeben ist.

$\sphericalangle BAC$ soll kein Rechter sein (s. § 43) [, sondern zunächst spitz]; man fälle von B auf AC das Lot BD (I, 12). Da $\sphericalangle BDA$ gegeben ist, außerdem $\sphericalangle BAD$ gegeben (evtl. I, 13), ist auch der letzte $\sphericalangle ABD$ gegeben (I, 32). Also ist $\triangle BAD$ der Gestalt nach gegeben (§ 40). Also ist $BA:BD$ gegeben. Aber auch $AB:BC$ ist gegeben; also ist $BD:BC$ gegeben (§ 8). Nun ist $\sphericalangle BDC$ ein Rechter; also $\triangle BDC$ der Gestalt nach gegeben (§ 43), also $\sphericalangle BCD$ gegeben. Aber auch $\sphericalangle BAC$ ist gegeben; dann ist auch der letzte $\sphericalangle ABC$ (evtl. zweideutig) gegeben (I, 32); also $\triangle ABC$ der Gestalt nach gegeben (§ 40).

[Zweitens sei $\sphericalangle BAC$ stumpf; man verlängere CA nach E und fälle vom Punkte B auf AE das Lot BE (I, 12). Da $\sphericalangle BAC$ gegeben ist, ist auch BAE als Nebenwinkel gegeben (I, 13). Außerdem ist $\sphericalangle BEA$ gegeben, also auch der letzte $\sphericalangle EBA$ gegeben (I, 32), also $\triangle EBA$ der Gestalt nach gegeben (§ 40). Also ist $EB:BA$ gegeben. Aber auch $AB:BC$ ist gegeben; also ist $EB:BC$ gegeben (§ 8). Nun ist $\sphericalangle BEC$ ein Rechter; also $\triangle EBC$ der Gestalt nach gegeben (§ 43), also $\sphericalangle BCE$ gegeben. Aber auch $\sphericalangle BAC$ ist gegeben; dann ist auch der letzte $\sphericalangle ABC$ gegeben; also $\triangle ABC$ der Gestalt nach gegeben (§ 40).]

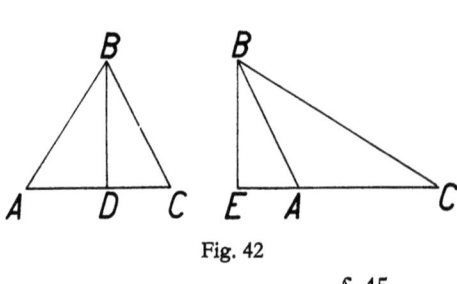

Fig. 42

§ 45

Wenn in einem Dreieck ein Winkel gegeben ist und die Seiten um den gegebenen Winkel in eine zusammengefaßt zur letzten Seite gegebenes Verhältnis haben, ist das Dreieck der Gestalt nach gegeben.

Man habe ein Dreieck ABC mit einem gegebenen Winkel BAC, und die Summe der Seiten um $\sphericalangle BAC$, d. h. ($BA + AC$) habe zu CB gegebenes Verhältnis. Ich behaupte, daß $\triangle ABC$ der Gestalt nach gegeben ist.

Man halbiere ∡ *BAC* durch die gerade Linie *AD* (I, 9); dann ist ∡ *BAD* gegeben. Und da *BA*:*AC* = *BD*:*DC* (VI, 3), ist vertauscht (V, 16) *AB*:*BD* = *AC*:*CD* und zusammen (V, 12) (*BA*+*AC*):*BC* = *AB*:*BD*. (*BA* + *AC*) : *BC* ist aber gegeben; also ist auch *BA*:*BD* gegeben. Und ∡ *BAD* ist gegeben. Also ist △ *ABD* der Gestalt nach gegeben (§ 44); also ∡ *ABD* gegeben. Aber auch ∡ *BAC* ist gegeben, also auch der letzte ∡ *ACB* gegeben (I, 32). Also ist △ *ABC* der Gestalt nach gegeben (§ 40).

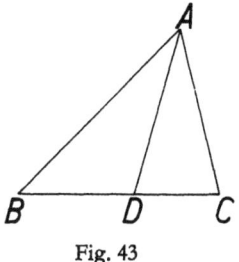

Fig. 43

§ 46

Wenn in einem Dreieck ein Winkel gegeben ist und die Seiten um einen weiteren Winkel in eine zusammengefaßt zur letzten Seite gegebenes Verhältnis haben, ist das Dreieck der Gestalt nach gegeben.

Man habe ein Dreieck *ABC* mit dem gegebenen Winkel *ABC*, und die Summe der Seiten um einen weiteren ∡ *BAC*, d. h. (*BA* + *AC*) habe zu *BC* gegebenes Verhältnis. Ich behaupte, daß △ *ABC* der Gestalt nach gegeben ist.

Man halbiere ∡ *BAC* durch die gerade Linie *AD* (I, 9). Dann ist (*BA* + *AC*):*CB* = *AB*:*BD* (VI, 3; V, 16, 12). Nun ist (*BA* + *AC*) : *CB* gegeben, also auch *AB*:*BD* gegeben. Und ∡ *ABD* ist gegeben; also ist △ *ABD* der Gestalt nach gegeben (§ 41); also ∡ *BAD* gegeben. Von ihm ist ∡ *BAC* das Doppelte; also ist auch ∡ *BAC* gegeben. Aber auch ∡ *ABC* ist gegeben, also auch der letzte ∡ *ACB* gegeben (I, 32). Also ist △ *ABC* der Gestalt nach gegeben (§ 40).

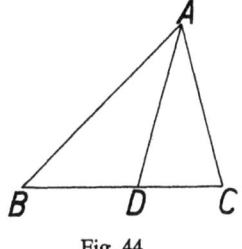

Fig. 44

§ 47

Der Gestalt nach gegebene geradlinige Figuren lassen sich in der Gestalt nach gegebene Dreiecke zerlegen.

Man habe eine der Gestalt nach gegebene geradlinige Figur *ABCDE*. Ich behaupte, daß die geradlinige Figur *ABCDE* sich in der Gestalt nach gegebene Dreiecke zerlegen läßt.

Man ziehe BE, EC. Da die geradlinige Figur $ABCDE$ der Gestalt nach gegeben ist, ist (Def. 3) $\sphericalangle BAE$ gegeben und $BA:EA$ gegeben [. Da $\sphericalangle BAE$ und $BA:EA$ gegeben sind], so ist $\triangle BAE$ der Gestalt nach gegeben (§ 41); also $\sphericalangle ABE$ gegeben. Nun ist der ganze $\sphericalangle ABC$ gegeben, also auch der Rest $\sphericalangle EBC$ gegeben (§ 4). Hier ist $AB:BE$ gegeben und $AB:BC$ gegeben; also ist auch $EB:BC$ gegeben (§ 8). Und $\sphericalangle CBE$ ist gegeben; also $\triangle BCE$ der Gestalt nach gegeben. Aus demselben Grunde ist auch $\triangle CDE$ der Gestalt nach gegeben. Der Gestalt nach gegebene geradlinige Figuren lassen sich also in der Gestalt nach gegebene Dreiecke zerlegen.

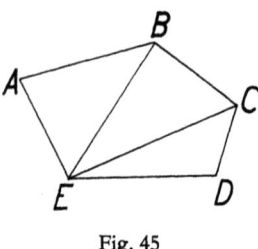

Fig. 45

§ 48

Zeichnet man über einer festen Strecke zwei der Gestalt nach gegebene Dreiecke, so müssen sie zueinander gegebenes Verhältnis haben.

Über einer festen Strecke AB zeichne man zwei der Gestalt nach gegebene Dreiecke ABC, ADB. Ich behaupte, daß $ACB:ADB$ gegeben ist.

Man ziehe AE, GB von den Punkten A, $B \perp AB$ (I, 11) und verlängere sie nach F, H; und durch die Punkte C, D ziehe man ECG, $FDH \parallel AB$ (I, 31). Da $\triangle ABC$ der Gestalt nach gegeben ist, ist $CA:BA$ gegeben; da $\sphericalangle CAB$ gegeben ist und EAB gegeben, ist auch der Rest EAC gegeben. Aber auch $\sphericalangle AEC$ ist gegeben (I, 29); also auch der letzte $\sphericalangle ECA$ gegeben (I, 32). $\triangle AEC$ ist also der Gestalt nach gegeben (§ 40); also ist $EA:AC$ gegeben. Nun ist $CA:AB$ gegeben; also ist auch $EA:AB$ gegeben (§ 8). Aus demselben Grunde ist auch $FA:AB$ gegeben; folglich $EA:AF$ gegeben (§ 8). Nun ist $AE:AF$ = Pgm. $AG:HA$ (VI, 1); folglich auch $AG:AH$ gegeben. Nun ist ABC = ½ AG, ADB = ½ AH (I, 41); also ist auch $ABC:ADB$ gegeben (V, 15).

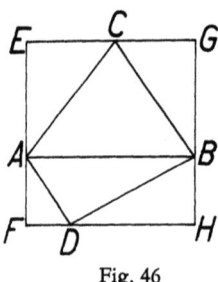

Fig. 46

§ 49

Zeichnet man über einer festen Strecke zwei beliebige der Gestalt nach gegebene geradlinige Figuren, so müssen sie zueinander gegebenes Verhältnis haben.

Über einer festen Strecke AB zeichne man zwei beliebige der Gestalt nach gegebene geradlinige Figuren $AECFB$, ADB. Ich behaupte, daß $AECFB:ADB$ gegeben ist.

Man ziehe AF, FE. Dann ist jedes der Dreiecke ECF, EFA, FAB der Gestalt nach gegeben (§ 47). Da man über einer festen Strecke EF zwei der Gestalt nach gegebene Dreiecke EFC, EFA gezeichnet hat, ist $CEF:FEA$ gegeben (§ 48); also auch verbunden $CEAF:FEA$ gegeben (§ 6). Nun ist $FEA:FAB$ gegeben, da sie über derselben Strecke AF gezeichnet sind (§ 48); auch $CEAF:FAB$ ist also gegeben (§ 8). Und verbunden ist $CEBFA:FBA$ gegeben (§ 6). Nun ist aber $FAB:ADB$ gegeben (§ 48); also ist $CEABF:ADB$ gegeben (§ 8).

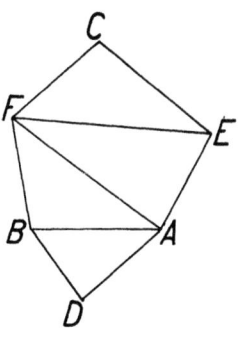

Fig. 47

§ 50

Wenn zwei Strecken zueinander gegebenes Verhältnis haben, müssen auch ähnliche, über ihnen ähnlich gezeichnete geradlinige Figuren zueinander gegebenes Verhältnis haben.

Zwei Strecken AB, CD mögen zueinander gegebenes Verhältnis haben; über AB, CD zeichne man ähnliche, ähnlich gelegte geradlinige Figuren E, F. Ich behaupte, daß auch ihr Verhältnis zueinander gegeben sein muß.

Man verschaffe sich zu AB, CD die Dritte Proportionale g (VI, 11). Dann ist $AB:CD = CD:g$; hier ist $AB:CD$ gegeben, also auch $CD:g$ ge-

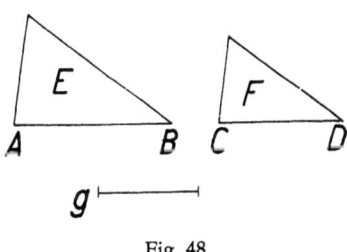

Fig. 48

geben, folglich auch $AB:g$ gegeben (§ 8). Aber $AB:g = E:F$ (VI, 19 Zus.); also ist $E:F$ gegeben.

§ 51

Wenn zwei Strecken zueinander gegebenes Verhältnis haben und man zeichnet über ihnen beliebige der Gestalt nach gegebene geradlinige Figuren, so müssen sie zueinander gegebenes Verhältnis haben.

Zwei Strecken AB, CD mögen zueinander gegebenes Verhältnis haben; über AB, CD zeichne man beliebige der Gestalt nach gegebene geradlinige Figuren E, F. Ich behaupte, daß $E:F$ gegeben ist.

Man zeichne AGB über AB ähnlich und ähnlich gelegt zu F (VI, 18). F ist der Gestalt nach gegeben, also auch AGB der Gestalt nach gegeben. Andererseits ist auch E der Gestalt nach gegeben und über derselben Strecke AB gezeichnet; also ist $E:AGB$ gegeben (§ 49). Da weiter $AB:CD$ gegeben ist und man über AB, CD die geradlinigen Figuren AGB, F ähnlich und ähnlich gelegt gezeichnet hat, ist $AGB:F$ gegeben (§ 50). $AGB:E$ ist aber gegeben; also ist $E:F$ gegeben (§ 8).

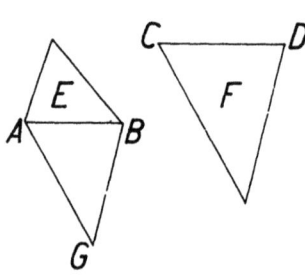

Fig. 49

§ 52

Wenn man über einer der Größe nach gegebenen Strecke eine der Gestalt nach gegebene Figur zeichnet, ist die gezeichnete Figur der Größe nach gegeben.

Über einer der Größe nach gegebenen Strecke AB zeichne man eine der Gestalt nach gegebene Figur $ACDEB$. Ich behaupte, daß $ACDEB$ der Größe nach gegeben ist.

Man zeichne über AB das Quadrat AF; dann ist AF nach Gestalt und Größe gegeben. Da man über derselben Strecke AB zwei der Gestalt nach gegebene geradlinige Figuren $ACDEB, AF$ gezeich-

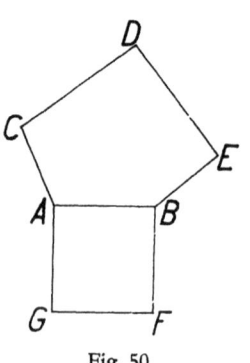

Fig. 50

net hat, ist $ACDEB : AF$ gegeben (§ 49). AF ist aber der Größe nach gegeben; also ist auch $ACDEB$ der Größe nach gegeben (§ 2).

§ 53

Sind zwei Figuren der Gestalt nach gegeben und hat eine Seite der ersten zu einer Seite der zweiten gegebenes Verhältnis, so müssen auch die übrigen Seiten zu den übrigen Seiten gegebenes Verhältnis haben.

Man habe zwei der Gestalt nach gegebene Figuren AD, EH, und $BD : FH$ sei gegeben. Ich behaupte, daß auch von den übrigen Seiten zu den übrigen Seiten das Verhältnis gegeben ist.

Da $DB : FH$ gegeben ist, aber auch $DB : BA$ gegeben (Def. 3), ist auch $AB : FH$ gegeben (§ 8). Aber $FH : EF$ ist gegeben; also auch $AB : EF$ gegeben. Aus demselben Grunde ist auch von den übrigen Seiten zu den übrigen Seiten das Verhältnis gegeben.

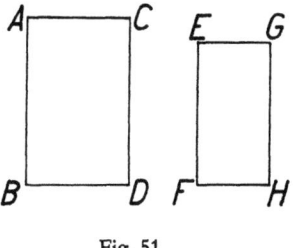

Fig. 51

§ 54

Wenn zwei der Gestalt nach gegebene Figuren zueinander gegebenes Verhältnis haben, müssen auch ihre Seiten zueinander gegebenes Verhältnis haben.

Zwei der Gestalt nach gegebene Figuren A, B mögen zueinander gegebenes Verhältnis haben. Ich behaupte, daß auch ihre Seiten zueinander gegebenes Verhältnis haben müssen.

Entweder ist $A \sim B$, oder nicht. Zunächst sei es ähnlich; dann verschaffe man sich zu CD, EF die Dritte Proportionale g (VI, 11). Dann ist $CD : g = A : B$ (VI, 19 Zus.). $A : B$ ist aber gegeben; also $CD : g$ gegeben. Und CD, EF, g stehen in (stetiger) Proportion; also ist $CD : EF$ gegeben (§ 24). Nun ist $A \sim B$; also müssen auch die übrigen Seiten zu den übrigen Seiten gegebenes Verhältnis haben (§ 53).

Nunmehr sei A nicht $\sim B$; dann zeichne man über EF die Figur EH ähnlich und ähnlich gelegt zu A (VI, 18). Dann ist

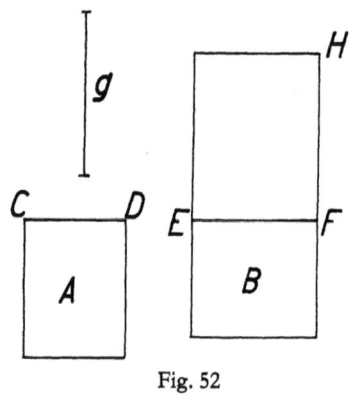

Fig. 52

auch EH der Gestalt nach gegeben. Aber B ist (der Gestalt nach) gegeben; also ist $B:EH$ gegeben (§ 49). Dabei ist $B:A$ gegeben; also auch $A:EH$ gegeben (§ 8). Und $A \sim EH$; also ist $CD:EF$ gegeben (Fall 1). Aus demselben Grunde ist auch von den übrigen Seiten zu den übrigen Seiten das Verhältnis gegeben.

§ 55

Wenn ein Flächenstück nach Gestalt und Größe gegeben ist, müssen auch seine Seiten der Größe nach gegeben sein.

Man habe ein nach Gestalt und Größe gegebenes Flächenstück A. Ich behaupte, daß auch seine Seiten der Größe nach gegeben sind.

Man gehe von einer nach Lage und Größe gegebenen Strecke BC aus und zeichne über BC die Figur D ähnlich und ähnlich gelegt zu A (VI, 18); dann ist D der Gestalt nach gegeben. Da man hier über einer der Größe nach gegebenen Strecke BC eine gegebene Gestalt D gezeichnet hat, ist D auch der Größe nach gegeben (§ 52). Nun ist A gegeben; also ist $A:D$ gegeben (§ 1). Auch ist $A \sim D$; also ist $EF:BC$ gegeben (§ 54). Nun ist BC gegeben; also auch EF gegeben. Weiter ist $FE:EG$ gegeben (Def. 3); also auch EG gegeben. Aus demselben Grunde ist jede der übrigen Seiten der Größe nach gegeben.

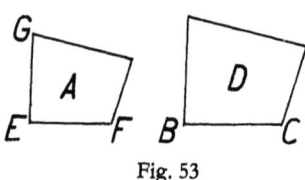

Fig. 53

§ 56

Wenn zwei winkelgleiche Parallelogramme zueinander gegebenes Verhältnis haben, dann muß sich verhalten, wie eine Seite des ersten zu einer Seite des zweiten, so die andere Seite des zweiten zu der Strecke, zu der die andere Seite des ersten das gegebene Verhältnis von Parallelogramm zu Parallelogramm hat.

Zwei winkelgleiche Parallelogramme A, B mögen zueinander gegebenes Verhältnis haben. Ich behaupte, daß $CD:EF = EG$: der Strecke, zu der CH das gegebene Verhältnis von Pgm. A : Pgm. B hat.

Man setze CK an CH gerade an, mache $CD:EF = EG:CK$ (VI, 12) und vervollständige Pgm. CL. Da hier $CD:EF = EG:CK$ und $CD = KL$ (I, 34), ist $KL:EF = EG:CK$. So sind um gleiche Winkel CKL, GEF die Seiten umgekehrt proportional; also ist Pgm. $KD = GF$ (VI, 14). Da weiter $A:B$ gegeben ist, $B = CL$, ist Pgm. $HD : CL$ gegeben. Aber $HD : CL = HC:CK$ (VI, 1); also ist $HC:CK$ gegeben. Und da $CD : EF = EG : CK$, während $CH : CK$ das gegebene Verhältnis von Fläche $A:B$ hat, ist $CD:EF = EG$: der Strecke, zu der HC das Verhältnis hat, das Fläche A zu Fläche B hat.

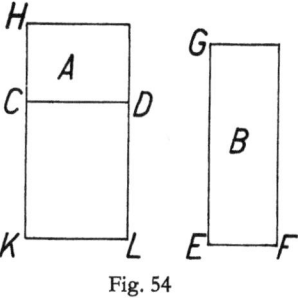

Fig. 54

§ 57

Legt man eine gegebene Fläche in einem gegebenen Winkel an eine gegebene Strecke an, so ist die Breite der Anlegung gegeben.

Man lege eine gegebene Fläche AG an eine gegebene Strecke BA in einem gegebenen Winkel CAB an (I, 44). Ich behaupte, daß CA gegeben ist.

Man zeichne über AB das Quadrat EB (I, 46), dann ist EB gegeben, und man ziehe EA, FB, CG nach D, H durch. Da EB, AG beide gegeben sind, ist $EB:AG$ gegeben. Hier ist $GA = AH$ (I, 35); also $EB:AH$ gegeben; folglich $EA:AD$ gegeben (VI, 1). Aber $EA = AB$; also ist $BA : AD$ gegeben. Und da $\sphericalangle CAB$ gegeben ist, hierin $\sphericalangle DAB$ gegeben, ist der Rest $\sphericalangle CAD$ gegeben. Aber auch $\sphericalangle CDA$ ist gegeben als Rechter; also ist auch der letzte Winkel ACD gegeben (I, 32). Also ist $\triangle ACD$ der Gestalt nach gegeben (§ 40); also $CA : AD$ gegeben (Def. 3). Nun ist

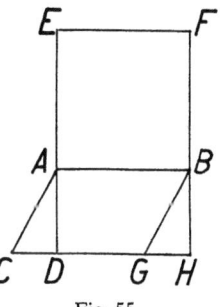

Fig. 55

$DA:AB$ gegeben; also ist auch $CA:AB$ gegeben (§ 8). Hier ist BA gegeben; also ist auch AC gegeben, und dieses ist die Breite der angelegten Fläche.

§ 58

Legt man eine gegebene Fläche so an eine gegebene Strecke an, daß eine der Gestalt nach gegebene Figur fehlt, so sind die Breiten des fehlenden Stückes gegeben.

Man lege eine gegebene Fläche AC an eine gegebene Strecke AD so an, daß eine der Gestalt nach gegebene Figur CD fehlt (VI, 28). Ich behaupte, daß BC, BD beide gegeben sind.

Man halbiere AD im Punkte E; dann ist ED gegeben. Und man zeichne über ED die geradlinige Figur EF ähnlich und ähnlich gelegt zu CD (VI, 18) und zeichne die Figur fertig. Dann ist auch EF der Gestalt nach gegeben. Da man hier über einer gegebenen Strecke ED eine der Gestalt nach gegebene Figur EF gezeichnet hat, ist EF der Größe nach gegeben (§ 52); dabei ist es $= AC + KH$ (VI, 26; I, 43, 36). Also ist $AC + KH$ der Größe nach gegeben. Nun ist Pgm. AC der Größe nach gegeben nach Voraussetzung; also ist der Rest KH der Größe nach gegeben. Dabei ist er auch der Gestalt nach gegeben, da $\sim CD$ (VI, 24); also sind von HK die Seiten gegeben (§ 55). Also ist KC gegeben; dieses ist $= EB$ (I, 34); also ist EB gegeben. Aber auch ED ist gegeben; also ist auch der Rest BD gegeben. Ferner ist $BD:BC$ gegeben (Def. 3); also ist auch BC gegeben.

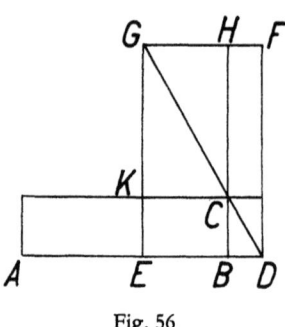

Fig. 56

§ 59

Legt man eine gegebene Fläche so an eine gegebene Strecke an, daß eine der Gestalt nach gegebene Figur überschießt, so sind die Breiten des Überschusses gegeben.

Man lege eine gegebene Fläche AB an eine gegebene Strecke AC so an, daß eine der Gestalt nach gegebene Figur CB überschießt (VI, 29). Ich behaupte, daß HC, CE beide gegeben sind.

§ 60

Man halbiere $DE (= AC; I, 34)$ im Punkte F und zeichne über EF Pgm. FG ähnlich und ähnlich gelegt zu CB (VI, 18); FG liegt dann mit CB um dieselbe Diagonale (VI, 26). Man ziehe ihre Diagonale HEM und zeichne die Figur fertig. Da hier $CB \sim FG$ und CB der Gestalt nach gegeben, ist auch FG der Gestalt nach gegeben. Dabei ist es über einer gegebenen Strecke FE gezeichnet; also ist Pgm. FG der Größe nach gegeben (§ 52). Aber auch Pgm. AB ist gegeben; also ist $AB + FG$ gegeben; und dies $= KL$ (I, 36, 43). Also ist KL der Größe nach gegeben; aber auch der Gestalt nach, da $\sim CB$ (VI, 24). Von KL sind also die Seiten gegeben (§ 55). Also ist KH gegeben; und hierin ist KC gegeben, da $= EF$; also ist der Rest CH gegeben. Dieser hat zu HB gegebenes Verhältnis (Def. 3); also ist auch HB gegeben.

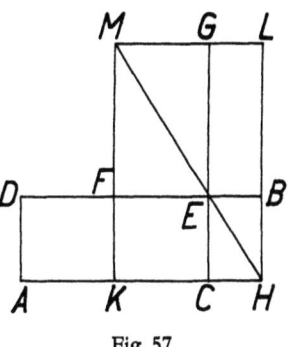

Fig. 57

§ 60

Vermehrt oder vermindert man ein nach Gestalt und Größe gegebenes Parallelogramm um einen gegebenen Gnomon, so sind die Breiten des Gnomons gegeben.

Ein nach Gestalt und Größe gegebenes Parallelogramm AB vermehre man zunächst um einen gegebenen Gnomon $ECBDFG$ (VI, 29). Ich behaupte, daß CE, DF beide gegeben sind.

Da Pgm. AB und Gnomon $ECBDFG$ gegeben ist, ist auch die Summe AG gegeben; auch der Gestalt nach, da $\sim AB$ (VI, 24). Von AG sind also die Seiten gegeben (§ 55). Also sind AE, AF beide gegeben; aber auch CA, AD sind beide gegeben; also sind beide Reste EC, DF gegeben.

Zweitens vermindere man ein nach Gestalt und Größe gegebenes Parallelogramm AG um einen gegebenen Gnomon $ECBDFG$ (VI, 28). Ich behaupte, daß CE, DF beide gegeben sind.

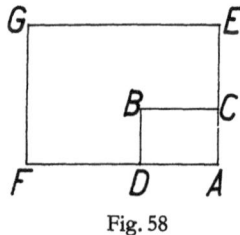

Fig. 58

Da Pgm. *AG* und in ihm Gnomon *ECBDFG* gegeben ist, ist auch der Rest *AB* gegeben; auch der Gestalt nach. Von *AB* sind also die Seiten gegeben. *CA, AD* sind also beide gegeben; aber auch *EA, AF* sind beide gegeben; also sind beide Reste *EC, DF* gegeben.

§ 61

Legt man an eine Seite einer der Gestalt nach gegebenen Figur ein Parallelogramm in gegebenem Winkel an, während die Figur zum Parallelogramm gegebenes Verhältnis hat, so ist das Parallelogramm der Gestalt nach gegeben.

An eine Seite *CB* einer der Gestalt nach gegebenen Figur *AFCB* lege man ein Parallelogramm *CD* in gegebenem Winkel *LCB* an, wo Fig. *AC*: Pgm. *CD* gegeben sei (I, 44). Ich behaupte, daß Pgm. *CD* der Gestalt nach gegeben ist.

Man ziehe *BG* ∥ *FC* durch *B* und *FG* ∥ *CB* durch *F* und ziehe *FC*, *GB* durch zu den Punkten *H*, *K*.

Da ∢ *FCB* und *FC:CB* gegeben sind (Def. 3), ist Pgm. *FB* der Gestalt nach gegeben. Andererseits ist Fig. *AFB* der Gestalt nach gegeben; und sie sind über derselben Strecke *CB* gezeichnet. Also ist Fig. *AB*: Pgm. *FB* gegeben (§ 49). Weiter ist Pgm. *FB:CD* gegeben, da *AB*: Pgm. *CD* es nach Voraussetzung ist (§ 8). Nun ist Pgm. *CD* = *KB* (I, 35); also ist Pgm. *KB:CG* gegeben, folglich auch *FC:CK* gegeben (VI, 1). Aber *FC:CB* ist gegeben; also auch *BC:CK* gegeben (§ 8). Da ∢ *FCB* gegeben ist, ist auch *BCK* als Nebenwinkel gegeben. Aber auch ∢ *BCL* ist gegeben, also auch der Rest ∢ *LCK* gegeben. Aber auch ∢ *LKC* ist gegeben, da = *KCB* (I, 29). Also ist der letzte ∢ *CLK* gegeben (I, 32). △ *LCK* ist also der Gestalt nach gegeben (§ 40); also ist *LC:CK* gegeben. Nun ist *KC:BC* ge-

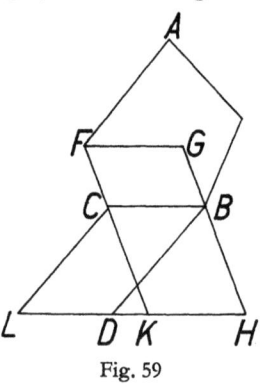

Fig. 59

geben; also auch $LC:CB$ gegeben. Auch $\angle LCB$ ist gegeben; also ist Pgm. CD der Gestalt nach gegeben.

§ 62

Haben zwei Strecken zueinander gegebenes Verhältnis und zeichnet man über der einen eine der Gestalt nach gegebene Figur, über der anderen ein Parallelogramm in gegebenem Winkel, während die Figur zum Parallelogramm gegebenes Verhältnis hat, so ist das Parallelogramm der Gestalt nach gegeben.

Zwei Strecken AB, CD mögen zueinander gegebenes Verhältnis haben; man zeichne über AB eine der Gestalt nach gegebene Figur AEB und über CD ein Parallelogramm DF in gegebenem Winkel FCD; Fig. EB:Pgm. FD sei gegeben. Ich behaupte, daß Pgm. DF der Gestalt nach gegeben ist.

Man zeichne über AB Pgm. AG ähnlich und ähnlich gelegt zu DF (VI, 18). Da $AB:CD$ gegeben ist und man über AB, CD ähnliche und ähnlich gelegte geradlinige Figuren AG, FD gezeichnet hat, ist $AG:FD$ gegeben (§ 50). Nun ist Pgm. $FD:EB$ gegeben; also ist auch EB : Pgm. AG gegeben. Auch ist $\angle BAH$ gegeben, da $= FCD$. Da man hier an eine Seite AB einer der Gestalt nach gegebenen Figur EB Pgm. AG in gegebenem Winkel HAB angelegt hat, während Fig. EB : Pgm. AG gegeben ist, ist Pgm. AG der Gestalt nach gegeben (§ 61). Und es ist $\sim$ Pgm. FD. Also ist auch FD der Gestalt nach gegeben.

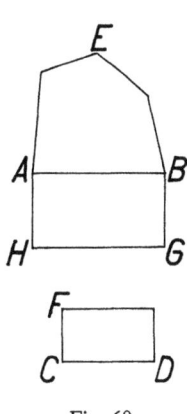

Fig. 60

§ 63

[Wenn ein Dreieck der Gestalt nach gegeben ist, muß das Quadrat über jeder seiner Seiten zum Dreieck gegebenes Verhältnis haben.]

§ 64

Wenn ein Dreieck einen gegebenen stumpfen Winkel hat, dann muß die Fläche, um die quadriert die dem stumpfen Winkel gegenüberliegende Seite die den stumpfen Winkel umfassenden Seiten zusammen übertrifft, zum Dreieck gegebenes Verhältnis haben.

44   § 65

Man habe ein stumpfwinkliges Dreieck ABC mit gegebenem stumpfem Winkel ABC; man verlängere BC gerade um die Strecke BD und fälle von A auf CD das Lot AD. Ich behaupte, daß die Fläche, um die $AC^2 > AB^2 + BC^2$, d. h. (II, 12) $2\,DB \cdot BC$ zu $\triangle ABC$ gegebenes Verhältnis haben muß.

Da $\sphericalangle ABC$ gegeben ist, ist auch $\sphericalangle ABD$ gegeben (I, 13). Nun ist auch $\sphericalangle ADB$ gegeben; also auch der letzte $\sphericalangle DAB$ gegeben (I, 32). Also ist $\triangle DAB$ der Gestalt nach gegeben (§ 40); also $AD : DB$ gegeben. Nun ist $AD : DB = AD \cdot BC : DB \cdot BC$ (VI, 1); folglich auch $DA \cdot BC : DB \cdot BC$ gegeben; also auch $2\,BD \cdot BC : AD \cdot BC$ gegeben. Aber $DA \cdot BC : \triangle ABC$ ist gegeben (I, 41); also auch $2\,DB \cdot BC : \triangle ABC$ gegeben. Nun ist $2\,DB \cdot BC = AC^2 - (AB^2 + BC^2)$ (II, 12); also hat jene Fläche zum Dreieck ABC gegebenes Verhältnis.

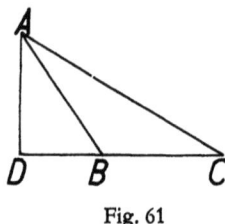

Fig. 61

§ 65

Wenn ein Dreieck einen gegebenen spitzen Winkel hat, dann muß die Fläche, um die quadriert die dem spitzen Winkel gegenüberliegende Seite hinter den den spitzen Winkel umfassenden Seiten zusammen zurückbleibt, zum Dreieck gegebenes Verhältnis haben.

Man habe ein spitzwinkliges Dreieck ABC mit gegebenem spitzen Winkel ABC; man fälle von A auf BC das Lot AD. Ich behaupte, daß die Fläche, um die $AC^2 < AB^2 + BC^2$, d. h. (II, 13) $2\,CB \cdot BD$ zu $\triangle ABC$ gegebenes Verhältnis hat.

Da $\sphericalangle ABD$ gegeben ist und auch $\sphericalangle ADB$ gegeben, ist auch der letzte $\sphericalangle BAD$ gegeben. Also ist $\triangle ABD$ der Gestalt nach gegeben; also $BD : DA$ gegeben; folglich auch $CB \cdot BD : CB \cdot AD$ gegeben, also auch $2\,CB \cdot BD$ hierzu. Aber $BC \cdot AD : \triangle ABC$ ist gegeben; also auch $2\,CB \cdot BD : \triangle ABC$ gegeben. Nun ist $2\,CB \cdot BD = (AB^2 + BC^2) - AC^2$ (II, 13). Die Fläche, um die $AC^2 < (AB^2 + BC^2)$, hat also zu $\triangle ABC$ gegebenes Verhältnis.

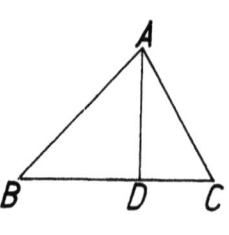

Fig. 62

§ 66

Wenn ein Dreieck einen gegebenen Winkel hat, hat das Rechteck aus den den gegebenen Winkel umfassenden Seiten zum Dreieck gegebenes Verhältnis.

Man habe ein Dreieck ABC mit gegebenem Winkel bei A. Ich behaupte, daß $BA \cdot AC$ zu $\triangle ABC$ gegebenes Verhältnis hat.

Man fälle von B auf AC das Lot BD.

Da $\measuredangle BAC$ gegeben ist und auch $\measuredangle ADB$ gegeben, ist auch der letzte $\measuredangle ABD$ gegeben (I, 32). Also ist $\triangle ABD$ der Gestalt nach gegeben (§ 40); also $AB : BD$ gegeben. Nun ist $AB : BD = BA \cdot AC : BD \cdot AC$ (VI, 1); folglich $BA \cdot AC : BD \cdot AC$ gegeben. Aber $AC \cdot BD : \triangle ABC$ ist gegeben (I, 41); also ist auch $BA \cdot AC : \triangle ABC$ gegeben.

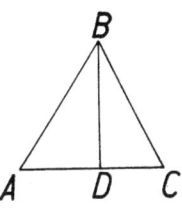

Fig. 63

§ 67

Wenn ein Dreieck einen gegebenen Winkel hat, dann muß die Fläche, um die quadriert die Summe der den gegebenen Winkel umfassenden Seiten größer wird als das Quadrat der letzten Seite, zum Dreieck gegebenes Verhältnis haben.

Man habe ein Dreieck ABC mit dem gegebenen Winkel BAC. Ich behaupte, daß die Fläche, um die $(BA + AC)^2 > BD^2$, zu $\triangle ABC$ gegebenes Verhältnis hat.

Man verlängere AB gerade um AD, mache $AD = AC$, verbinde D mit C, ziehe durch bis E, und ziehe $BE \parallel AC$ durch B.

Da $AD = AC$, ist $DB = BE$ (VI, 4). Eine gerade Linie BC ist hindurchgezogen; dann ist $DC \cdot CE + BC^2 = BD^2$ (s. Anm.). Nun ist $DA = AC$; also $(BA + AC)^2 = DC \cdot CE + BC^2$; folglich $(BA + AC)^2 - BC^2 = DC \cdot CE$.

Ich behaupte nun, daß $DC \cdot CE : \triangle ABC$ gegeben ist.

Da $\measuredangle BAC$ gegeben ist, ist auch der Nebenwinkel DAC gegeben. Auch $\measuredangle ADC$, DCA sind beide gegeben als Hälften von $\measuredangle BAC$ (I, 32, 5) [; $\measuredangle BAC$ ist ja gegeben]. Also ist $\triangle DAC$ der Gestalt nach gegeben (§ 40); also $DA : DC$ gegeben; folglich auch $AD^2 : DC^2$ gegeben (§ 50). Da ferner $BA : AD =$

$EC:CD$ (VI, 2) und $BA:AD = BA \cdot AD : AD^2$ sowie $EC:CD = EC \cdot CD : CD^2$ (VI, 1), so ist auch $BA \cdot AD : DA^2 = EC \cdot CD : CD^2$. Und, vertauscht (V, 16), $BA \cdot AD : EC \cdot CD = AD^2 : DC^2$. Aber $AD^2 : DC^2$ ist gegeben; also ist auch $BA \cdot AD : EC \cdot CD$ gegeben. Nun ist $DA = AC$; also $BA \cdot AC : EC \cdot CD$ gegeben. Andererseits ist $BA \cdot AC : \triangle ABC$ gegeben, weil $\sphericalangle BAC$ gegeben ist (§ 66). Also ist auch $DC \cdot CE : \triangle ABC$ gegeben (§ 8). Nun ist $DC \cdot CE = (BA + AC)^2 - BC^2$; also muß die Fläche, um die das Quadrat über der Summe $BA + AC$ das über BC übertrifft, zum Dreieck gegebenes Verhältnis haben.

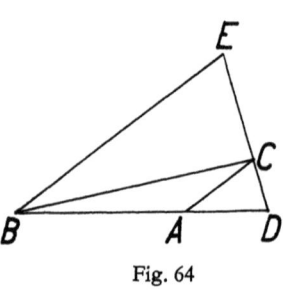

Fig. 64

§ 68

Wenn zwei winkelgleiche Parallelogramme zueinander gegebenes Verhältnis haben, während die eine Seite zur einen Seite gegebenes Verhältnis hat, dann muß auch die andere Seite zur anderen Seite gegebenes Verhältnis haben.

Zwei winkelgleiche Parallelogramme AB, CD mögen zueinander gegebenes Verhältnis haben, und auch die eine Seite habe zur einen Seite gegebenes Verhältnis, und zwar sei $BE:FD$ gegeben. Ich behaupte, daß auch $AE:FC$ gegeben ist.

Man lege an EB Pgm. $EG = CD$ an; es liege so, daß AE, EH einander gerade fortsetzen (I, 44). Dann setzen auch KB, BG einander gerade fort (I, 29, 14).

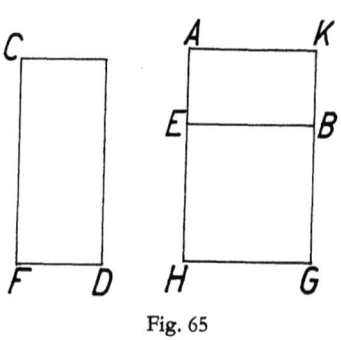

Fig. 65

Da Pgm. $AB:CD$ gegeben ist, während Pgm. $CD = EG$, ist Pgm. $AB:EG$ gegeben, folglich auch $AE:EH$ gegeben (VI, 1). Da Pgm. $EG = CD$, dabei winkelgleich, sind von EG, CD die Seiten um gleiche Winkel umgekehrt proportional (VI, 14); also $EB:FD = CF:EH$. Nun ist $EB : FD$ gegeben; also $CF:EH$ gegeben. Und $EH : AE$ ist gegeben; also ist auch $AE : CF$ gegeben (§ 8).

§ 69

Wenn zwei Parallelogramme gegebene Winkel haben und gegebenes Verhältnis zueinander, während die eine Seite zur einen Seite gegebenes Verhältnis hat, dann muß auch die andere Seite zur anderen Seite gegebenes Verhältnis haben.

Zwei Parallelogramme AB, GE, die gegebene Winkel bei D, F haben, mögen zueinander gegebenes Verhältnis haben, ferner sei $DB:FG$ gegeben. Ich behaupte, daß auch $AD:EF$ gegeben ist.

Ist Pgm. AB mit Pgm. EG winkelgleich, so ist es klar (§ 68). Andernfalls trage man an DB im Punkte D auf ihm $\sphericalangle BDK = EFG$ an (I, 23) und vervollständige Pgm. DL. Da hier $\sphericalangle DAC$, AKD beide gegeben sind, ist auch der letzte $\sphericalangle ADK$ gegeben (I, 32); $\triangle ADK$ ist also der Gestalt nach gegeben (§ 40); $AD:DK$ ist also gegeben. Und da, nach Voraussetzung, Pgm. $DC:FH$ gegeben ist und Pgm. $DC = DL$ (I, 35), ist Pgm. $DL:FH$ gegeben. Hier ist DL mit FH winkelgleich und Pgm. $DL : EG$ sowie, nach Voraussetzung, $DB:FG$ gegeben; dann ist auch $DK : EF$ gegeben (§ 68). Nun ist $DK : DA$ gegeben; also ist $AD : EF$ gegeben (§ 8).

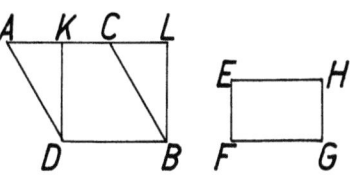

Fig. 66

§ 70

Wenn in zwei Parallelogrammen die Seiten um gleiche oder um zwar ungleiche aber gegebene Winkel zueinander gegebenes Verhältnis haben, müssen auch die Parallelogramme selbst gegebenes Verhältnis zueinander haben.

In zwei Parallelogrammen AB, EG mögen die Seiten um die Winkel bei C, Γ, die gleich sind oder zwar ungleich aber gegeben, gegebenes Verhältnis zueinander haben, d. h. $AC:EF$ und $BC:FG$ seien gegeben. Ich behaupte, daß auch Pgm. $CD:FH$ gegeben ist.

Es sei nämlich Pgm. *CD* mit *FH* winkelgleich; dann lege man an die Strecke *CB* Pgm. *CM* = Pgm. *FH* an; es liege so, daß *AC, CN* einander gerade fortsetzen (I, 44); dann setzen auch *DB, BM* einander gerade fort. Hier ist Pgm. *BN* = *FH*, dabei winkelgleich; also sind von *BN, HF* die Seiten um gleiche Winkel umgekehrt proportional (VI, 14); also *CB:FG* = *FE: CN*. Nun ist *CB:FG* gegeben; also auch *EF:CN* gegeben. Ferner ist *EF:AC* gegeben; also auch *AC:CN* gegeben, folglich auch Pgm. *CD:CM* gegeben (VI, 1). Nun ist Pgm. *CM* = *FH*; also ist Pgm. *CD:EG* gegeben.

Nunmehr sei *AB* mit *FH* nicht winkelgleich; dann trage man an die Strecke *BC* im Punkte *C* auf ihr ∢ *BCK* = *EFG* an (I, 23) und vervollständige das Parallelogramm *CL*. Da ∢ *ACB* und *KCB* gegeben sind, ist auch der Rest ∢*ACK* gegeben (§ 4); aber auch *CAK* ist gegeben (I, 29); also ist auch der letzte ∢*AKC* gegeben (I, 32). △ *ACK* ist also der Gestalt nach gegeben (§ 40); also ist *AC:CK* gegeben. Ferner ist *AC:EF* gegeben; also *CK:EF* gegeben. Aber auch *CB:FG* ist gegeben, und ∢ *KCB* = *EFG*; also ist Pgm. *CL:FH* gegeben (Erster Teil). Hier ist Pgm. *CL* = *CD* (I, 35); also ist Pgm. *CD:FH* gegeben.

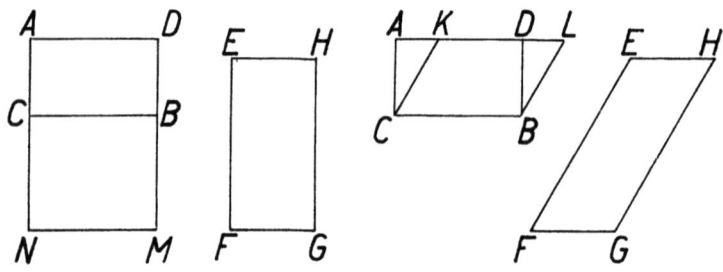

Fig. 67

§ 71

Wenn in zwei Dreiecken die Seiten um gleiche oder um zwar ungleiche aber gegebene Winkel zueinander gegebenes Verhältnis haben, haben auch die Dreiecke selbst gegebenes Verhältnis zueinander.

In zwei Dreiecken *ABC, DEH* mögen die Seiten um die Winkel bei *A, D*, die gleich sind oder zwar ungleich aber gegeben, gegebenes Verhältnis zueinander haben; es seien $BA:ED$ und $AC:DH$ gegeben. Ich behaupte, daß auch $\triangle ABC : \triangle EDH$ gegeben ist.

Man verständige die Parallelogramme AG, DF.

Da hier in zwei Parallelogrammen AG, DF die Seiten um die gleichen oder zwar ungleichen aber gegebenen Winkel bei A, D zueinander gegebenes Verhältnis haben, müssen auch die Parallelogramme zueinander gegebenes Verhältnis haben (§ 70); also ist $AG:DF$ gegeben. Nun ist von AG die Hälfte $\triangle ABC$ und von DF $\triangle DEH$ (I, 34); also ist $\triangle ABC : \triangle DEH$ gegeben (V, 15).

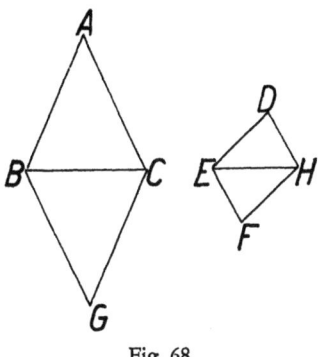

Fig. 68

§ 72

Wenn in zwei Dreiecken die Grundlinien in gegebenem Verhältnis stehen und auf sie aus den Ecken gefällte Linien, die an den Grundlinien gleiche oder zwar ungleiche aber gegebene Winkel bilden, gleichfalls, dann müssen auch die Dreiecke selbst zueinander gegebenes Verhältnis haben.

Man habe zwei Dreiecke ABC, DEF und fälle AG, DH so, daß sie gleiche oder zwar ungleiche aber gegebene Winkel AGC, DHF bilden; hier seien $BC:EF$ und $AG:DH$ gegeben. Ich behaupte, daß auch $\triangle ABC : \triangle DEF$ gegeben ist.

Man vervollständige die Parallelogramme KC, LF.

Da die Winkel AGC, DHF entweder gleich oder zwar ungleich aber gegeben sind, während $\angle AGC = KBC, DHF = LEF$ (I, 29), sind auch die Winkel bei B, E entweder gleich oder zwar ungleich aber gegeben. Und da $AG:DH$ gegeben ist, während $AG=KB$, $DH=LE$, ist auch $KB:LE$ gegeben. Aber auch $BC:EF$ ist gegeben, und die Winkel bei den Punkten B, E sind entweder gleich oder zwar ungleich aber gegeben; dann ist auch Pgm. CK : Pgm. LF gegeben (§ 70); folglich ist auch $\triangle ABC : \triangle DEF$ gegeben (I, 41).

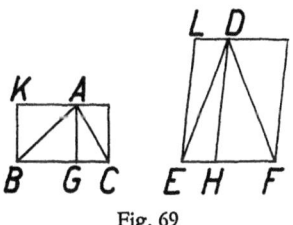

Fig. 69

§ 73

Wenn in zwei Parallelogrammen die Seiten um Winkel, die gleich oder zwar ungleich aber gegeben sind, so beschaffen sind, daß sich verhält wie eine Seite des ersten zu einer Seite des zweiten so die andere Seite des zweiten zu irgend einer weiteren Strecke, während die andere Seite des ersten Parallelogramms zu dieser gegebenes Verhältnis hat, dann müssen auch die Parallelogramme selbst zueinander gegebenes Verhältnis haben.

[Man habe die Parallelogramme AB, EG; die Winkel ACB, EFG seien (gleich oder) gegeben, und es verhalte sich $CB:FG = EF$: einer Strecke (x), deren Verhältnis zu CA gegeben ist.

Zunächst seien die Winkel der Parallelogramme einander gleich. Wir verlängern AC nach K, machen $CB:FG = EF:CK$ (VI, 12) und vervollständigen Pgm. BK; es wird = Pgm. EG (VI, 14), während $AC:CK$ gegeben ist. (— Da $EF:CK = CB:FG = EF:x$, ist $CK = x$ (V, 9) also $AC:CK = AC:x$ (V, 7). —) Dann ist Pgm. AB:Pgm. BK (VI, 1), d. h. :Pgm. EG gegeben.

Zweitens seien die Winkel der Parallelogramme verschieden. Wir tragen $\angle BCL = \angle F$ an (I, 23) und vervollständigen Pgm. BL; es wird = Pgm. AB (I, 35). Dann ist $\triangle ACL$ der Gestalt nach gegeben, indem seine Winkel gegeben sind (§ 4; I, 32; § 40); also ist $CA:CL$ gegeben (Def. 3). Und es verhält sich $CB:FC = EF$: einer Strecke (x), deren Verhältnis zu CA, d. h. zu CL (§ 8) gegeben ist. Nun stimmen die Parallelogramme LB, EG in den Winkeln überein; also ist Pgm. LB:Pgm. EG (Erster Teil), d. h. Pgm. AB:Pgm. EG gegeben.]

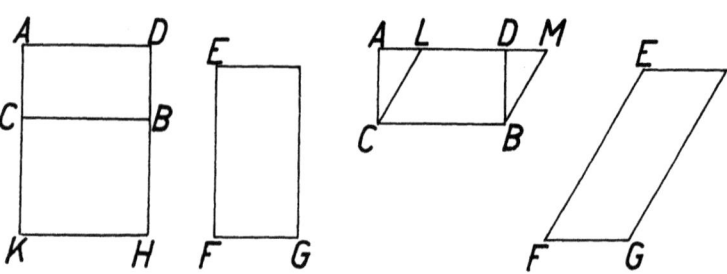

Fig. 70

§ 74

Wenn zwei Parallelogramme in gleichen oder zwar ungleichen aber gegebenen Winkeln gegebenes Verhältnis haben, muß sich verhalten wie eine Seite des ersten zu einer Seite des zweiten so die andere Seite des zweiten zu einer Strecke, zu der die andere Seite des ersten Parallelogramms gegebenes Verhältnis hat.

Zwei Parallelogramme AB, EG in gleichen oder zwar ungleichen aber gegebenen Winkeln bei C, F mögen zueinander gegebenes Verhältnis haben. Ich behaupte, daß $CB:FG = EF:$ einer Strecke, zu der AC gegebenes Verhältnis hat.

Pgm. AB ist mit EG entweder winkelgleich oder nicht.

Zunächst sei es winkelgleich. Dann lege man an die Strecke CB Pgm. $CH = EG$ an; es liege so, daß AC, CK einander gerade fortsetzen (I, 44); dann setzen auch DB, BH einander gerade fort. Da Pgm. $AB:EG$ gegeben ist, $EG = CH$, ist Pgm. $AB:CH$ gegeben; folglich auch $AC:CK$ gegeben (VI, 1). Da Pgm. $CH = EG$, dabei winkelgleich, sind von CH, EG die Seiten um gleiche Winkel umgekehrt proportional (VI, 14); also $CB:FG = EF:CK$. $CK:AC$ ist aber gegeben: also ist $CB:FG = EF:$ einer Strecke, zu der AC gegebenes Verhältnis hat.

Nunmehr seien sie nicht winkelgleich; dann trage man an die Strecke CB im Punkte C auf ihr $\sphericalangle LCB = EFG$ an (I, 23) und vervollständige Pgm. CM.

Da Pgm. $CD:EG$ gegeben ist, $CD = CM$ (I, 35), ist Pgm. $CM:EG$ gegeben. Auch ist $\sphericalangle LCB = EFG$. Also ist $CB:FG = EF:$ einer Strecke, zu der CL gegebenes Verhältnis hat (Erster Teil). Aber $CA:CL$ ist gegeben (§ 4; I, 32; § 40); also ist $CB:FG = EF:$ einer Strecke, zu der AC gegebenes Verhältnis hat (§ 8).

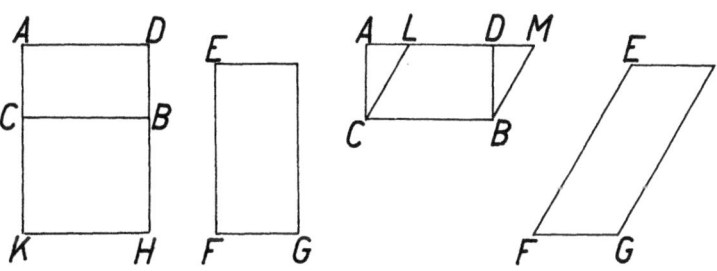

Fig. 71

§ 75

Wenn zwei Dreiecke in gleichen oder zwar ungleichen aber gegebenen Winkeln zueinander gegebenes Verhältnis haben, muß sich verhalten wie eine (dem Winkel anliegende) Seite des ersten zu einer (dgl.) Seite des zweiten so die andere (dgl.) Seite des zweiten zu einer Strecke, zu der die andere (dgl.) Seite des ersten Dreiecks gegebenes Verhältnis hat.

Man habe zwei Dreiecke ABC, DEF, die zueinander gegebenes Verhältnis haben, und die Winkel bei A, D seien entweder gleich oder zwar ungleich aber gegeben. Ich behaupte, daß $AB:DE = DF:$ einer Strecke, zu der AC gegebenes Verhältnis hat.

Man vervollständige die Parallelogramme AG, DH.

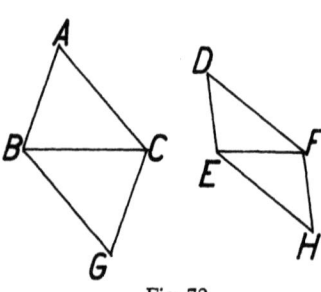

Fig. 72

Da $\triangle ABC : \triangle DEF$ gegeben ist, ist auch Pgm. AG : Pgm. DH gegeben (I, 41). Da hier zwei Parallelogramme AG, DH in gleichen oder zwar ungleichen aber gegebenen Winkeln zueinander gegebenes Verhältnis haben, ist $AB:DE = DF:$ einer Strecke, zu der AC gegebenes Verhältnis hat (§ 74).

§ 76

Fällt man in einem der Gestalt nach gegebenen Dreieck aus der Spitze das Lot auf die Grundlinie, so hat das Lot zur Grundlinie gegebenes Verhältnis.

Man habe ein der Gestalt nach gegebenes Dreieck ABC, fälle von A auf BC das Lot AD. Ich behaupte, daß $AD:BC$ gegeben ist.

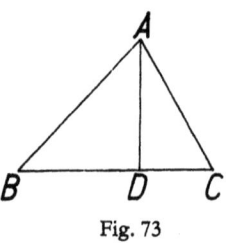

Fig. 73

Da $\triangle ABC$ der Gestalt nach gegeben ist, ist $\angle ABD$ gegeben. Aber auch $\angle BDA$ ist gegeben; also ist auch der letzte $\angle BAD$ gegeben (I, 32); also $\triangle ABD$ der Gestalt nach gegeben (§ 40). Also ist $BA:AD$ gegeben; andererseits ist $AB:BC$ gegeben; also ist auch $AD:BC$ gegeben.

§ 77

[Haben zwei der Gestalt nach gegebene Figuren zueinander gegebenes Verhältnis, so muß auch eine beliebige einzelne Seite der einen Figur zu einer beliebigen der anderen Figur gegebenes Verhältnis haben.]

§ 78

[Wenn eine gegebene Figur zu irgend einem Rechteck gegebenes Verhältnis hat, während eine Seite zu einer Seite gegebenes Verhältnis hat, dann ist das Rechteck der Gestalt nach gegeben.]

§ 79

Wenn in zwei Dreiecken ein Winkel einem Winkel gleich ist und man fällt aus den gleichen Winkeln die Lote auf die Grundlinien und es verhält sich wie im ersten Dreieck Grundlinie zu Lot so im zweiten Dreieck Grundlinie zu Lot, dann müssen die Dreiecke winkelgleich sein.

Man habe zwei Dreiecke ABC, HFG mit gleichen Winkeln bei F, B und fälle aus F, B die Lote BD, FK; hier sei $AC:BD = HG:KF$. Ich behaupte, daß $\triangle ABC$ mit $\triangle HFG$ winkelgleich ist.

Man beschreibe dem $\triangle HFG$ den Kreis um (IV, 5); von ihm habe man den Abschnitt HFG; und man trage an die gerade Linie HG im Punkte H auf ihr $\angle GHL = BAC$ an (I, 23), ziehe FL, LG und fälle das Lot LM.

Da $\angle BAD = LHG$ und $\angle HLG = ABC$ (III, 21; I, Ax. 1), ist auch der letzte $\angle BCA$ dem letzten HGL gleich (I, 32). Also ist $\triangle BAC \sim \triangle HGL$ (VI, 4, Def. 1). Hier sind BD, LM als Lote gezogen; also ist $AC:BD = HG:LM$ (§ 76). Nun war nach Voraussetzung $AC:BD = HG:FK$; also ist $HG:LM = HG:FK$ (V, 11). Also ist $FK = LM$ (V, 9); außerdem parallel (I, 28); also ist auch $FL \parallel HG$ (I, 33); also ist $\angle FLH = LHG$ (I, 29). Aber $\angle LHG = BAC$ und $\angle FLH = FGH$ (III, 21); also ist auch $\angle BAC = FGH$. Aber $\angle ABC = HFG$; also ist auch der letzte $\angle BCA$ dem letzten FHG gleich (I, 32). Also ist $\triangle ABC$ mit $\triangle FHG$ winkelgleich.

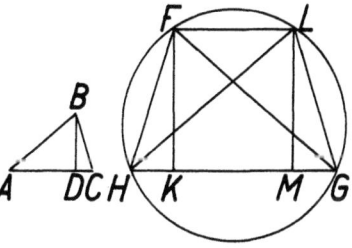

Fig. 74

§ 80

Wenn in einem Dreieck ein Winkel gegeben ist und das Rechteck aus den den gegebenen Winkel umfassenden Seiten zu dem Quadrat über der letzten Seite gegebenes Verhältnis hat, dann ist das Dreieck der Gestalt nach gegeben.

Man habe ein Dreieck ABC mit gegebenem Winkel bei A, und $BA \cdot AC : BC^2$ sei gegeben. Ich behaupte, daß $\triangle ABC$ der Gestalt nach gegeben ist.

Man fälle von A, B auf BC, CA die Lote BD, AE. Da hier $\sphericalangle BAD$ gegeben, aber auch $\sphericalangle ADB$ gegeben ist, ist $\triangle ADB$ der Gestalt nach gegeben (I, 32; § 40); also $AB:BD$ gegeben; folglich auch $BA \cdot AC : AC \cdot BD$ gegeben (VI, 1). Aber $AC \cdot BD = BC \cdot AE$; denn beide sind $= 2 \triangle ABC$ (I, 41). Also ist $BA \cdot AC : BC \cdot AE$ gegeben. Aber $BA \cdot AC : BC^2$ ist gegeben; also ist $BC \cdot AE : BC^2$ gegeben (§ 8), und $BC:AE$ ist gegeben (VI, 1).

Man lege eine nach Lage und Größe gegebene Strecke FG hin und zeichne über FG den Abschnitt FHG, der einen Winkel $= \sphericalangle BAC$ faßt (III, 33). Hier ist $\sphericalangle BAC$ gegeben, also auch der Winkel im Abschnitte FHG gegeben; also ist der Abschnitt FHG festgelegt (Def. 8). Man ziehe $GK \perp FG$ von G aus; dann ist GK festgelegt (§ 29). Man mache $BC:AE = FG:GK$ (VI, 12); nun ist $BC:AE$ gegeben; also ist auch $FG:GK$ gegeben. FG ist aber gegeben; also ist auch GK gegeben (§ 2). Es ist aber auch der Lage nach gegeben; und G ist gegeben; also ist auch K gegeben (§ 27). Man ziehe $KH \parallel FG$ durch K (I, 31); dann ist HK festgelegt (§ 28). Auch der Abschnitt FHG ist aber festgelegt; also ist Punkt H gegeben (§ 25). Man ziehe FH, HG und fälle das Lot HL; dann ist HL gegeben (§§ 30, 25, 26).

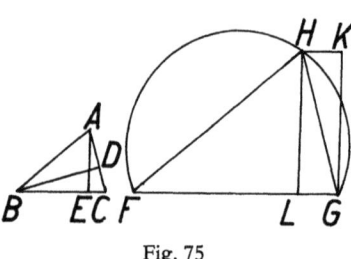

Fig. 75

Punkt H ist gegeben und sowohl F als G; HF, FG, HG sind also sämtlich nach Größe und Lage gegeben (§ 26); also ist $\triangle FHG$ der Gestalt nach gegeben (§ 39). Da nun $BC : AE = FG : GK$, während $GK = HL$ (I, 34), ist $BC:AE = FG:HL$; auch ist ∢ $BAC = FHG$; also ist △ ABC mit △ HFG gleichwinklig (§ 79). Nun ist △ HFG der Gestalt nach gegeben; also ist auch △ ABC der Gestalt nach gegeben.

§ 81

Wenn bei drei und drei je in (stetiger) Proportion stehenden Strecken die Außenglieder in gegebenem Verhältnis stehen, müssen auch die Mittelglieder in gegebenem Verhältnis stehen;

[und wenn ein Außenglied zu einem Außenglied in gegebenem Verhältnis steht und auch das Mittelglied zum Mittelglied, muß auch das andere Außenglied zum anderen Außenglied in gegebenem Verhältnis stehen.]

Bei drei in Proportion stehenden Strecken a, b, c und drei in Proportion stehenden Strecken d, e, f mögen die Außenglieder in gegebenem Verhältnis stehen, $a:d$ und $c:f$ seien gegeben. Ich behaupte, daß auch $b:e$ gegeben ist.

Da $a:d$ und $c:f$ gegeben sind, ist $a \cdot c : d \cdot f$ gegeben (§ 70). Aber $a \cdot c = b^2$ und $d \cdot f = e^2$ (VI, 17); also ist $b^2 : e^2$ gegeben; folglich auch $b : e$ gegeben (§ 54).

[Zweitens seien $a:d$ und $b:e$ gegeben. Ich behaupte, daß auch $c:f$ gegeben ist.

Da $a:d$ und $b:e$ gegeben sind, ist auch $b^2 : e^2$ gegeben (§ 50). Aber $b^2 = a \cdot c$ und $e^2 = d \cdot f$; also ist $a \cdot c : d \cdot f$ gegeben. Hier ist das Verhältnis der einen Seite a zur einen Seite d gegeben; also ist auch das Verhältnis der anderen Seite c zur anderen Seite f gegeben (§ 68).]

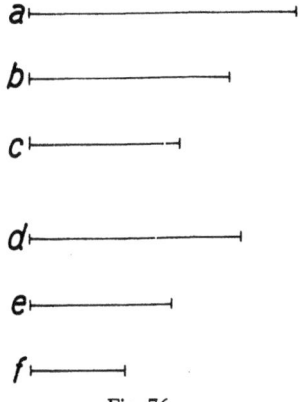

Fig. 76

§ 82

Stehen vier Strecken in Proportion, so muß sich verhalten wie die erste Strecke zu einer, zu der die zweite gegebenes Verhältnis hat, so die dritte Strecke zu einer, zu der die vierte gegebenes Verhältnis hat.

§ 83

Man habe vier in Proportion stehende Strecken a, b, c, d, wo $a:b = c:d$. Ich behaupte, daß a: einer Strecke, zu der b gegebenes Verhältnis hat, $= c$: einer, zu der d gegebenes Verhältnis hat.

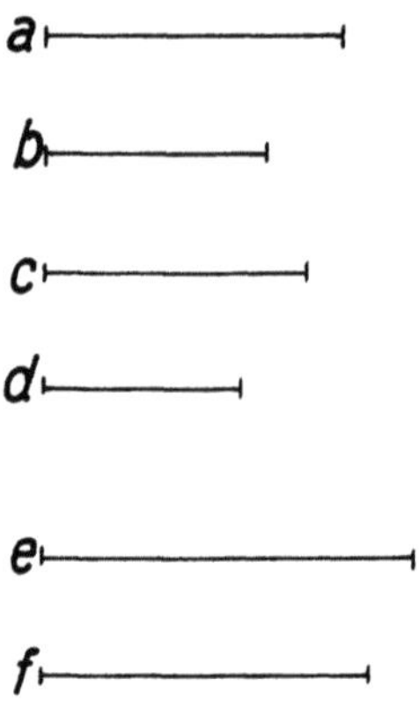

Die Strecke, zu der b gegebenes Verhältnis hat, sei e; dann mache man $b : e = d : f$ (VI, 12); hier ist $b : e$ gegeben; also ist auch $d : f$ gegeben. Da $a : b = c : d$ und $b : e = d : f$, ist, über gleiches weg (V, 22), $a : e = c : f$. Nun ist e die Strecke, zu der b gegebenes Verhältnis hat, und f die, zu der d. Also ist a : einer Strecke, zu der b gegebenes Verhältnis hat, $= c$: einer, zu der d gegebenes Verhältnis hat.

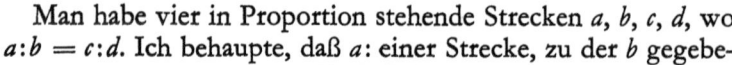

Fig. 77

§ 83

Stehen vier Strecken in solcher Beziehung zu einander, daß, wenn man drei beliebige von ihnen nimmt und eine vierte zu ihnen hinzu in Proportion, zu der die letzte der vier ursprünglichen Strecken gegebenes Verhältnis hat, dann die vier Strecken in Proportion stehen, dann muß sich verhalten wie die vierte Strecke zur dritten so die zweite zu einer, zu der die erste gegebenes Verhältnis hat.

Man habe vier Strecken a, b, c, d in solcher Beziehung zu einander, daß, wenn man drei beliebige von ihnen a, b, c nimmt und eine vierte e zu ihnen hinzu, zu der d gegebenes Verhältnis hat, dann die Strecken a, b, c, e in Proportion stehen. Ich behaupte, daß $d : c = b$: einer Strecke, zu der a gegebenes Verhältnis hat.

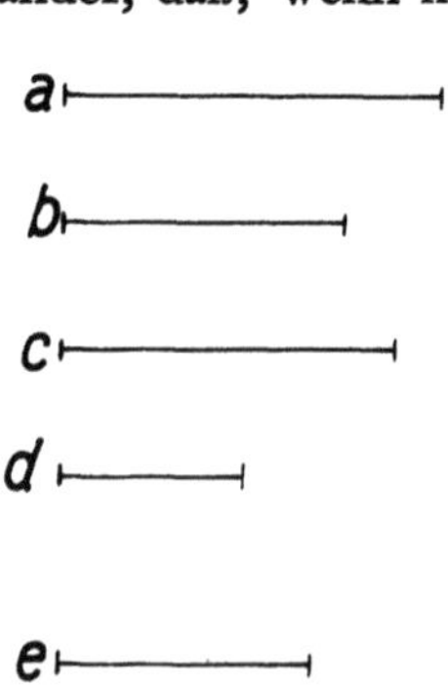

Da $a : b = c : e$, ist $a \cdot e = b \cdot c$ (VI, 16). Da $e : d$ gegeben ist, ist $a \cdot d : a \cdot e$ gegeben (VI, 1); aber $a \cdot e = b \cdot c$; also ist $d \cdot a : b \cdot c$ gegeben. Also ist $d : c = b$: einer Strecke, zu der a gegebenes Verhältnis hat (§ 74).

Fig. 78

§ 84

Wenn zwei Strecken eine gegebene Fläche in gegebenem Winkel umfassen und dabei die eine um Gegebenes größer ist als die andere, dann müssen sie beide gegeben sein.

Zwei Strecken AB, BC mögen eine gegebene Fläche AC in einem gegebenen Winkel ABC umfassen, und CB sei um Gegebenes größer als BA. Ich behaupte, daß BA, BC beide gegeben sind.

Da BC um Gegebenes größer ist als BA, sei die gegebene Strecke DC; der Rest DB ist dann $= BA$. Man vervollständige Pgm. AD. Da hier $AB = DB$, ist $AB:BD$ gegeben; aber auch $\sphericalangle ABD$ ist gegeben; also ist Pgm. AD der Gestalt nach gegeben. Da man hier eine gegebene Fläche AC an eine gegebene Strecke DC so angelegt hat, daß eine der Gestalt nach gegebene Figur AD überschießt, ist die Breite des Überschusses gegeben (§ 59); also ist BD gegeben. Nun ist DC, also auch die Summe BC gegeben. Auch AB ist aber gegeben; also sind AB, BC beide gegeben.

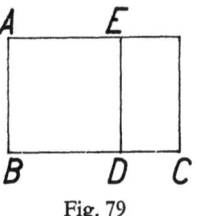

Fig. 79

§ 85

Wenn zwei Strecken eine gegebene Fläche in gegebenem Winkel umfassen und dabei ihre Summe gegeben ist, dann müssen sie beide gegeben sein.

Zwei Strecken AB, BC mögen eine gegebene Fläche AC in einem gegebenen Winkel ABC umfassen, und $AB + BC$ sei gegeben. Ich behaupte, daß AB, BC beide gegeben sind.

Man ziehe CB nach D durch, mache $BD = AB$, ziehe $DE \parallel BA$ durch D und vervollständige Pgm. AD. Da hier $DB = BA$, ferner $\sphericalangle ABD$ gegeben, weil sein Nebenwinkel gegeben ist, ist Pgm. EB der Gestalt nach gegeben. Da $AB + BC$ gegeben ist, $AB = BD$, ist DC gegeben. Da man hier eine gegebene Fläche AC an eine gegebene Strecke DC so angelegt hat, daß eine der Gestalt nach gegebene Figur EB fehlt, sind die Breiten des fehlenden

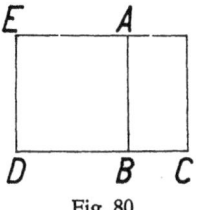

Fig. 80

Stückes gegeben (§ 58); also sind AB, BD gegeben. Nun ist $AB + BC$ gegeben, also auch der Rest BC gegeben. Also sind AB, BC beide gegeben.

§ 86 (Peyrard 87)

Wenn zwei Strecken eine gegebene Fläche in gegebenem Winkel umfassen, während quadriert die eine der anderen gegenüber um Gegebenes größer wird als im Verhältnis, dann müssen sie beide gegeben sein.

Zwei Strecken AB, BC mögen eine gegebene Fläche AC in einem gegebenen Winkel ABC umfassen, während CB^2 um Gegebenes größer als im Verhältnis wird BA^2 gegenüber. Ich behaupte, daß AB, BC beide gegeben sind.

Da CB^2 um Gegebenes größer ist als im Verhältnis BA^2 gegenüber, nehme man die gegebene Fläche $CB \cdot BD$ weg (I, 44); dann ist Rest $DC \cdot CB : AB^2$ gegeben. Da $AB \cdot BC$ und $CB \cdot BD$ gegeben sind, ist $AB \cdot BC : CB \cdot BD$ gegeben. Aber $AB \cdot BC : CB \cdot BD = AB : BD$ (VI, 1); folglich ist $AB : BD$ gegeben; folglich auch $AB^2 : BD^2$ gegeben (§ 50). Nun ist $AB^2 : BC \cdot CD$ gegeben; also ist auch $BC \cdot CD : DB^2$ gegeben; folglich auch $4 BC \cdot CD : BD^2$ gegeben; also ist $(4 BC \cdot CD + BD^2) : BD^2$ gegeben (§ 6). Nun ist $(4 BC \cdot CD + BD^2) = (BC + CD)^2$ (II, 8). Also ist auch $(BC + CD)^2 : BD^2$ gegeben; folglich auch $(BC + CD) : BD$ gegeben (§ 54); also, verbunden, $2 CB : BD$ gegeben (§ 6); folglich ist auch $1 CB : BD$ gegeben (§ 8). Nun ist $CB : BD = CB \cdot BD : BD^2$ (VI, 1); also ist auch $CB \cdot BD : BD^2$ gegeben. Aber $CB \cdot BD$ ist gegeben; also ist auch BD^2 gegeben; also BD gegeben; folglich ist BC gegeben [, weil $CB : BD$ und BD gegeben sind]. Auch sind gegeben AC und der Winkel bei B; also ist AB gegeben (§ 57). Also sind AB, BC beide gegeben.

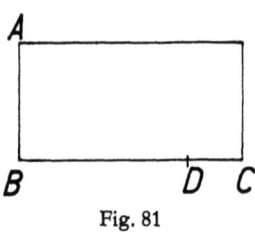

Fig. 81

§ 86a (87; Peyrard 86)

[Wenn zwei Strecken eine gegebene Fläche in gegebenem Winkel umfassen, während das Quadrat der größeren um Gegebenes größer ist als das der kleineren, dann müssen sie beide gegeben sein.]

§ 87 (88)

Zieht man in einem der Größe nach gegebenen Kreise eine Sehne so, daß sie einen einen gegebenen Winkel fassenden Abschnitt abtrennt, so ist die Sehne der Größe nach gegeben.

In einem der Größe nach gegebenen Kreise ABC ziehe man AC so, daß es den Abschnitt AEC abtrennt, der einen gegebenen Winkel faßt (III, 34). Ich behaupte, daß AC der Größe nach gegeben ist.

Man verschaffe sich den Mittelpunkt D des Kreises, verbinde A mit D und ziehe nach E durch, ziehe auch CE. Dann ist $\angle ACE$ als Rechter gegeben (III, 31); auch $\angle AEC$ ist gegeben; dann ist auch der letzte $\angle CAE$ gegeben (I, 32). Also ist $\triangle ACE$ der Gestalt nach gegeben (§ 40), also $AE : AC$ gegeben. Nun ist EA der Größe nach gegeben, da der Kreis der Größe nach gegeben ist (Def. 5). Also ist AC der Größe nach gegeben (§ 2).

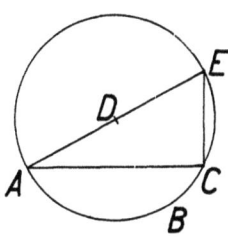

Fig. 82

§ 88 (89)

Zieht man in einem der Größe nach gegebenen Kreise eine der Größe nach gegebene Sehne, so muß sie einen Abschnitt abtrennen, der einen gegebenen Winkel faßt.

In einem der Größe nach gegebenen Kreise ABC ziehe man eine der Größe nach gegebene Sehne AC (IV, 1). Ich behaupte, daß sie einen Abschnitt abtrennen muß, der einen gegebenen Winkel faßt.

Man verschaffe sich den Mittelpunkt D des Kreises, verbinde A mit D und ziehe nach E durch, ziehe auch CE. Da hier EA, AC beide gegeben sind, ist $EA : AC$ gegeben; und $\angle ACE$ ist ein Rechter (III, 31); also ist $\triangle ACE$ der Gestalt nach gegeben (§ 43). Also ist auch $\angle AEC$ gegeben.

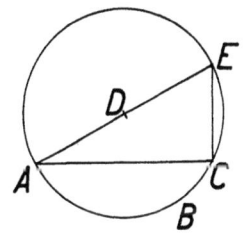

Fig. 83

§ 89 (90)

Nimmt man auf dem Umfang eines der Lage nach gegebenen Kreises einen gegebenen Punkt und zieht von diesem irgendeine gebrochene Linie zum Kreisumfang, die einen gegebenen Winkel bildet, so ist das andere Ende der gebrochenen Linie gegeben.

Auf dem Umfang eines der Lage nach gegebenen Kreises ABC nehme man einen gegebenen Punkt B und ziehe von B eine gebrochene Linie BAC, die einen gegebenen Winkel BAC bildet. Ich behaupte, daß Punkt C gegeben ist.

Man verschaffe sich den Mittelpunkt D und ziehe BD, DC.

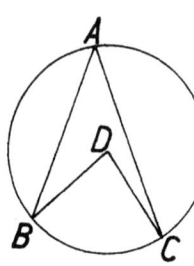

Fig. 84

Da B, D beide gegeben sind, ist BD festgelegt. Und da $\measuredangle BAC$ gegeben ist, ist $\measuredangle BDC$ gegeben (III, 20). Da man hier an einer festgelegten geraden Linie im Punkte D auf ihr DC so gezogen hat, daß es einen gegebenen Winkel BDC bildet, ist DC der Lage nach gegeben (§ 29). Aber auch der Kreis ABC ist der Lage nach gegeben; also ist Punkt C gegeben (§ 25).

§ 90 (91)

Zieht man von einem gegebenen Punkte an einen der Lage nach gegebenen Kreis eine Tangente, so ist dieselbe nach Lage und Größe gegeben.

Von einem gegebenen Punkte C ziehe man an den der Lage nach gegebenen Kreis AB die Tangente CA (vgl. III, 17). Ich

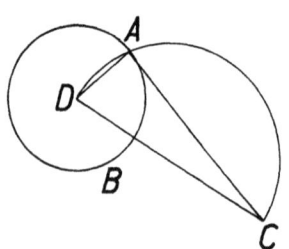

Fig. 85

behaupte, daß die Strecke CA nach Lage und Größe gegeben ist.

Man verschaffe sich den Mittelpunkt D des Kreises (III, 1) und ziehe DA, DC. Da D, C beide gegeben sind, ist DC gegeben. Und $\measuredangle DAC$ ist ein Rechter (III, 18); also muß der Halbkreis, den man über DC zeichnete, durch A gehen. (III, 31 Umk.). Er tue es und sei DAC; also ist Halbkreis DAC festgelegt (Def. 8). Aber auch Kreis AB ist festgelegt; also ist A gegeben (§ 25). Nun ist auch C gegeben. Also ist AC nach Lage und Größe gegeben.

§ 91 (92)

Nimmt man außerhalb eines der Lage nach gegebenen Kreises irgend einen gegebenen Punkt und zieht von dem Punkte irgend eine gerade Linie zum Kreise durch, so ist das Rechteck aus der gezogenen Strecke und dem Stück zwischen dem Punkt und dem erhabenen Bogen gegeben.

Außerhalb eines der Lage nach gegebenen Kreises ABC nehme man irgend einen gegebenen Punkt D und ziehe vom Punkte D irgend eine gerade Linie DB durch, die den Kreis schneidet. Ich behaupte, daß $BD \cdot DC$ gegeben ist.

Man ziehe vom Punkte D an den Kreis ABC die Tangente AD (III, 17); dann ist AD nach Lage und Größe gegeben (§ 90). Da AD gegeben ist, ist auch AD^2 gegeben (§ 52). Und dieses $= BD \cdot DC$ (III, 36). Also ist auch $BD \cdot DC$ gegeben.

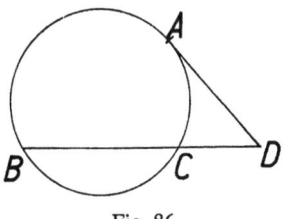

Fig. 86

§ 92 (93)

Nimmt man innerhalb eines der Lage nach gegebenen Kreises irgend einen gegebenen Punkt und zieht durch den Punkt irgend eine gerade Linie zum Kreise durch, so ist das Rechteck aus den Abschnitten der gezogenen Linie gegeben.

Innerhalb eines der Lage nach gegebenen Kreises BC nehme man irgend einen gegebenen Punkt A und ziehe durch A irgend eine Sehne CB. Ich behaupte, daß $CA \cdot AB$ gegeben ist.

Man verschaffe sich den Mittelpunkt D des Kreises (III, 1), verbinde A mit D und ziehe durch nach F, E. Da D, A beide gegeben sind, ist DA festgelegt; aber auch der Kreis CBF ist festgelegt; also sind F, E beide gegeben. Aber auch A ist gegeben; also sind FA, AE beide gegeben;

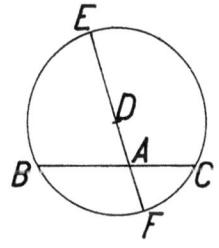

Fig. 87

also ist $FA \cdot AE$ gegeben (§ 52). Und dieses $= BA \cdot AC$ (III, 35), also ist auch $CA \cdot AB$ gegeben.

§ 93 (94)

Zieht man in einem der Größe nach gegebenen Kreise eine Sehne, welche einen Abschnitt abtrennt, der einen gegebenen Winkel faßt, und halbiert man den Winkel im Abschnitt, dann muß die Summe der den Winkel umfassenden Strecken zur Winkelhalbierenden gegebenes Verhältnis haben;

und das Rechteck aus der Summe der den Winkel umfassenden Strecken und der auf der Halbierenden des Umfangswinkels unten abgeschnittenen Strecke muß gegeben sein.

In einem der Größe nach gegebenen Kreise ABC ziehe man eine Sehne BC, welche einen Abschnitt abtrennt, der einen gegebenen Winkel BAC faßt (III, 34), und halbiere den Winkel BAC durch die gerade Linie AD (I, 9). Ich behaupte, daß $(BA + AC):AD$ gegeben ist und daß $(BA + AC) \cdot ED$ gegeben ist.

Man ziehe BD. Da man hier in einem der Größe nach gegebenen Kreise DAC eine Sehne BC so gezogen hat, daß sie den Abschnitt BAC, der einen gegebenen Winkel BAC faßt, abtrennt, ist BC der Größe nach gegeben (§ 87). Aus demselben Grunde ist auch BD der Größe nach gegeben; also $BC:BD$ gegeben. Da ferner $\sphericalangle BAC$ durch die gerade Linie AD halbiert ist, verhält sich $BA:AC = BE:EC$ (VI, 3); also, vertauscht, $AB:BE = AC:CE$ (V, 16); also auch $(BA + AC):BC = AC:CE$ (V, 12). Da ferner $\sphericalangle BAE = EAC$ und $\sphericalangle ACE = BDE$ (III, 21), ist der letzte $\sphericalangle AEC =$ dem letzten ABD (I, 32); $\triangle AEC$ also mit $\triangle ABD$ winkelgleich. Also ist $AC:CE = AD:BD$ (VI, 4). Aber $AC:CE = (BA + AC):BC$; also $(BA + AC):BC = AD:DB$ (V, 11); vertauscht $(BA + AC):AD = BC:BD$ (V, 16). Nun ist $BC:BD$ gegeben; also ist auch $(BA + AC):AD$ gegeben.

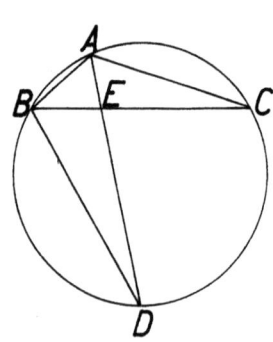

Fig. 88

Ich behaupte, daß auch $(BA + AC) \cdot ED$ gegeben ist.
Da nämlich $\triangle AEC$ mit $\triangle DEB$ winkelgleich ist (III, 21; I, 15), ist $BD:DE = AC:CE$ (VI, 4). Aber $AC:CE = (BA + AC):BC$; also ist auch $(BA + AC):CB = BD:DE$ (V, 11). Also ist $(BA + AC) \cdot ED = CB \cdot BD$ (VI, 16). Nun ist $CB \cdot BD$ gegeben (§ 52); also ist auch $(BA + AC) \cdot ED$ gegeben.

§ 94 (95)

Nimmt man auf dem Durchmesser eines der Lage nach gegebenen Kreises einen gegebenen Punkt, zieht von dem Punkte irgend eine gerade Linie zum Kreise, zieht zur gezogenen Linie im Schnittpunkt die Senkrechte und zieht durch den Punkt, in dem die Senkrechte den Umfang trifft, zur gezogenen Linie die Parallele, dann ist der Punkt, in dem die Parallele den Durchmesser trifft, gegeben,
und das Rechteck aus den Parallelen ist gegeben.

Auf dem Durchmesser BC eines der Lage nach gegebenen Kreises ABC nehme man einen gegebenen Punkt D, ziehe durch D eine beliebige gerade Linie DA zum Kreise, ziehe $AE \perp DA$ von A aus und $EF \parallel AD$ durch E. Ich behaupte, daß F gegeben ist und daß $AD \cdot EF$ gegeben ist.

Man ziehe EF durch nach H und verbinde A mit H.
Da $\angle HEA$ ein Rechter ist (I, 29), ist HA Durchmesser des Kreises ABC (III, 31 Umk.); aber auch BC ist es; also ist G Mittelpunkt des Kreises ABC (I, Def. 17); also ist G gegeben (Def. 6). Aber auch D ist gegeben; also ist DG der Größe nach gegeben. Da $AD \parallel EH$, während $HG = GA$, ist auch $DG = GF$, $AD = FH$ (I, 29, 15, 26). Nun ist DG gegeben; also ist auch FG gegeben; auch der Lage nach. GF, GD sind also beide gegeben. Und G ist gegeben; also ist auch F gegeben. Da man hier in einem der Lage nach gegebenen Kreise ABC einen gegebenen Punkt F genommen und EFH durchgezogen hat, ist $EF \cdot FH$ gegeben (§ 92). Nun ist $HF = DA$. Also ist $AD \cdot EF$ gegeben — dies hatte man beweisen sollen.

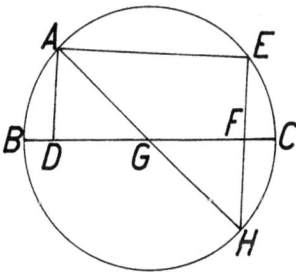

Fig. 89

Anmerkungen

Euklids Data beschäftigen sich im wesentlichen mit Gegenständen, die auch in den ersten sechs Büchern der Elemente behandelt werden, sie stehen neben diesen etwa wie die moderne Formelsammlung neben dem Lehrbuch. Um die Definition von Datum, griechisch Dedomenon, Gegebenes, bemüht sich schon die uns erhaltene Einführung des MARINOS VON NEAPOLIS (um 500 n. Chr.), die es gegen die Begriffe: Bestimmt (geordnet), Bekannt und Rational abgrenzt. Weiter kennzeichnet MARINOS den Zweck der Schrift als Hilfsmittel zur Analyse der Probleme und Auffindung der Beweise, sagt schließlich noch einiges über die Disposition des Buches.

Die Data gehören zu den Werken, die im Studienplan der alexandrinischen Universität nach Euklids Elementen, vor dem Almagest des Ptolemaios behandelt wurden. So besitzen wir auch über dieses Buch einen Bericht des PAPPOS (um 320 n. Chr.), aus dem wie aus anderen Anzeichen hervorgeht, daß die Form, in der die griechischen Handschriften die Data bieten, nicht die ursprüngliche ist; einigermaßen wissen wir darüber Bescheid, welche Veränderungen der Herausgeber THEON VON ALEXANDRIA (um 370 n. Chr.) mit dem Text vorgenommen hat; andere Einschiebungen läßt der Vergleich mit der um 900 entstandenen arabischen Übersetzung erkennen. Näheres hierüber findet man bei J. L. HEIBERG, Literargeschichtliche Studien über Euklid, Leipzig 1882, bei MENGE in den Prolegomena seiner Ausgabe der Data und bei C. THAER, Euklids Data in arabischer Fassung, Hermes 77, Berlin 1942. Über Euklids Leben und Werke vergleiche man etwa meine Ausgabe der Elemente (Ostwalds Klassiker 235, Leipzig 1933); bemerken möchte ich bei dieser Gelegenheit, daß eine arabische Nachricht, die ich anderswo falsch gedeutet, wirklich Damaskus als seinen Wohnsitz nennt. Auch bezüglich der Grundsätze der Übersetzung verweise ich auf das dort Gesagte.

Nachdem GEORG VALLA Auszüge veröffentlicht hatte, erschienen die Data vollständig gedruckt zuerst in der lateinischen Übersetzung des BARTHOLOMAEUS ZAMBERTI, Venedig 1505, dann griechisch in den Ausgaben von HARDY, Paris 1625, GREGORY, Oxford 1703, PEYRARD, Paris 1818. Meiner Übersetzung liegt der 6. Band der Hei-

Anmerkungen

berg-Mengeschen Ausgabe von Euklids Werken zugrunde: Euclidis Data ed. H. MENGE, Leipzig 1896. Eine deutsche Übersetzung hat J. F. WURM, Berlin 1825, gegeben.

Die **Definitionen** schließen sich an solche der Bücher I, III, V der Elemente an.

Die *Propositionen* geben Herstellungsvorschriften, die, soweit sie der allgemeinen Größenlehre, Algebra und Trigonometrie, angehören, sich als Formeln schreiben lassen; allerdings entspricht die geometrische Darstellung nicht immer genau einer einzigen Formel; auch gehört die Ausführung, der Beweis, in den Data enger zu der vorausgeschickten allgemeinen Formulierung als in den Elementen, da zunächst oft nur von einem bestehenden Zusammenhang gesprochen wird, über den erst die Ausführung Näheres angibt. Im Folgenden bezeichnen $a, b, c, \ldots$ von vornherein gegebene Größen, $\varkappa, \lambda, \mu, \ldots$ von vornherein gegebene Verhältnisse. Zitate mit Buchangabe (in römischen Ziffern) beziehen sich auf die Elemente, die anderen auf die Data.

Def. 2. Euklid spricht auch in den Elementen nie von „dem gleichen" Verhältnis, stets von „demselben". Ein solches wird am einfachsten hergestellt dadurch, daß man die gleichen Verhältnisglieder nimmt. Wie aus der Anwendung, z. B. in § 7, hervorgeht, liegt aber in Def. 2 die Forderung, daß man ein gegebenes Verhältnis mit jedem Vordergliede herstellen könne. Diese Forderung ist bei allgemeiner Fassung des Größenbegriffs tatsächlich nicht erfüllt; wäre als Vorderglied z. B. das Volumen einer Kugel gegeben, so würden elementare Mittel nicht ausreichen. Gedacht ist an durch Strecken darstellbare Größen; für diese erfüllt VI, 12 die Forderung.

Deff. 9, 10. $y = x \pm a$.

Deff. 11, 12. $y = \varkappa x \pm a$. Man betrachte die gegebene Größe a und das gegebene Verhältnis $\varkappa$ als Konstanten, die „feste" Größe x — im Griechischen „dieselbe" — als unabhängige, die Hauptgröße y als abhängige Veränderliche. Es handelt sich um die ganze lineare Substitution einer Veränderlichen, allerdings mit Beschränkung auf positives $\varkappa$.

Deff. 13—15 sind nach einem Scholion von Apollonios hinzugefügt; gebraucht werden sie nur in unechten Zusätzen des arabischen Textes.

Von den **Propositionen** behandeln die §§ 1—24, 81—83 allgemeine Größenlehre; §§ 56—62 und 84—86 sind wesentlich algebraisch, der Rest geometrisch. In den §§ 64—80 sowie 93 kann man Trigonometrisches finden.

§ 1. Von a, b aus $a:b$. Der Beweis des in Buch V der Elemente nicht ausdrücklich ausgesprochenen Satzes: „Wenn die Glieder von Verhältnissen entsprechend gleich sind, fallen die Verhältnisse zusammen", wird nur angedeutet; zu ergänzen wäre er nach Analogie von V, 7. Übrigens entspricht die Ausführung nur dem Wortlaut, nicht dem Sinn von Def. 2.

§ 2. Von $a, \varkappa$ aus $\varkappa a$. Soll es sich nicht um eine Scheinkonstruktion handeln, so muß $\varkappa$ von a unabhängig gegeben werden.

§ 3. $a + b + \ldots$

§ 4. $a - b$.

§ 5. Von $\varkappa$ aus $1 - \varkappa$.

§ 6. Von $\varkappa$ aus $1 + \varkappa$.

§ 7. Wenn $x + y = a$ und $x:y = \varkappa$, ist $x = \dfrac{\varkappa}{\varkappa + 1} a, y = \dfrac{1}{\varkappa + 1} a$. Da die Annahme, daß die Teile vorweggegeben seien, hier sinnlos ist, kommt man ohne VI, 10, das mit VI, 12 gleichwertig ist, nicht aus; vgl. Anm. zu Def. 2.

§ 8. Wenn $x:z = \varkappa, y:z = \lambda$, ist $x:y = \varkappa:\lambda$.

§ 9. Wenn $r:s = \varkappa, r:x = \lambda, s:y = \mu$, ist $x:y = \varkappa\mu:\lambda$.

§ 10. Wenn $x = \varkappa y + c$, ist $x + y = (\varkappa + 1)y + c$; wenn $z = \lambda y + c$, ist $z - y = (\lambda - 1)y + c = c - (1 - \lambda)y$.

§ 11. Wenn $x = \varkappa y + c, z = y + x$, ist $x = \dfrac{\varkappa}{\varkappa + 1} z + \dfrac{1}{\varkappa + 1} c$; wenn $x = \lambda z + e, y = z - x$, ist $x = \dfrac{\lambda}{1 - \lambda} y + \dfrac{1}{1 - \lambda} e$. Der zweite Teil ist mathematisch wertvoll, aber vielleicht ein späterer Zusatz; dafür spricht außer der Lücke im Beweis („ihm gleich") der Umstand, daß er in der arabischen Übersetzung fehlt.

§ 12. Wenn $x + y = a, y + z = b$, ist, je nachdem $a \gtreqless b$, $x = z + (a - b), x = z, z = x + (b - a)$. In der arabischen Übersetzung steht § 12 vor § 10.

Anmerkungen

§ 13. Wenn $x = \varkappa y, y = \lambda z + a$, ist $x = \varkappa \lambda z + \varkappa a$.

§§ 14, 15. Wenn $x = \varkappa y$, ist $(x \pm a) = \varkappa(y \pm b) + (\pm a \mp \varkappa b)$, wo je nachdem $(\pm a \mp \varkappa b) \gtreqless 0$ sein kann.

§ 16. Wenn $x = \varkappa y$, ist $(x + a) = \varkappa(y - b) + (a + \varkappa b)$.

§§ 17—20 zeigen, allerdings ohne vollständige Diskussion der Fälle, daß die ganzen linearen Substitutionen einer Veränderlichen eine Gruppe bilden:

Wenn $x = \varkappa y + a, z = \lambda y + b$, ist $x = \dfrac{\varkappa}{\lambda} z + (a - \dfrac{\varkappa}{\lambda} b)$;

wenn $y = \varkappa x + a, y = \lambda z + b$, ist $x = \dfrac{\lambda}{\varkappa} z + (\dfrac{1}{\varkappa} b - \dfrac{1}{\varkappa} a)$;

wenn $x = \varkappa y + a, y = \lambda z + b$, ist $x = \varkappa \lambda z + (a + \varkappa b)$;

wenn $x = a - y, z = b - \varkappa y$, ist $x = \dfrac{1}{\varkappa} z + (a - \dfrac{1}{\varkappa} b)$.

Zu § 19 bringen die griechischen und arabischen Handschriften noch einen zweiten, eleganteren Beweis, der § 13 benutzt; er muß früh hinzugefügt sein.

§ 21 wiederholt nur § 14 mit anderen Worten, auch der Beweis verläuft ebenso. Obwohl die griechischen Handschriften sämtlich den Satz bringen, wird er unecht sein, zumal er im Arabischen fehlt.

§ 22. Wenn $x = \varkappa z, y = \lambda z$, ist $(x + y) = (\varkappa + \lambda) z$.

§ 23. Wenn $(\varkappa x + \lambda y) = \mu(x + y)$, ist $x = \dfrac{\lambda - \mu}{\mu - \varkappa} y$.

§ 24. Wenn $x : y = y : z, x = \varkappa z$, ist $x = \sqrt{\varkappa} y$; gebraucht wird VI, 13. Ein nur griechisch überlieferter zweiter Beweis ist wertlos.

Die auf diese, der allgemeinen Größenlehre angehörenden, Sätze folgenden §§ 25—38 behandeln die **Festlegung von Punkt, Strecke, Richtung, Teilverhältnis.**

§ 25. Punktbestimmung durch Schnitt von Linien. Mehrdeutigkeit wird hier wie an anderen Stellen nicht erwähnt.

§§ 26, 27. Die Strecke und ihre Enden. Als zweiten Beweis zu § 27 geben die griechischen Handschriften eine wertlose Bemerkung.

§§ 28—30. Geradenbestimmung durch Punkt und Richtung. Die etwas wunderliche Def. 15 könnte als vermeintlich in § 28 notwendige Erklärung entstanden sein. Zu § 30 finden sich in den griechischen Handschriften noch 3 weitere Beweise, die auf § 29 zurückführen.

§ 31. Einschiebung einer Strecke von gegebener Länge zwischen Punkt und Gerade.

§§ 32, 33. Bei einer Strecke zwischen Parallelen sind Länge und Richtung durch einander bestimmt. Der Fall symmetrischer Lage wird nur in einem zweiten, schwerlich echten Beweis zu § 33, der auf VI, 2, V, 14, I, 5 fußen würde, erwähnt.

§§ 34—36. Eine von einem festen Punkt ausgehende, von zwei Parallelen geschnittene Strecke wird in gegebenem Verhältnis geteilt — und umgekehrt. Zu § 34 findet sich ein zweiter Beweis, bei dem der feste Punkt zwischen den Parallelen liegt; in der gleichen Beziehung steht § 36 zu § 35. Dafür, daß nicht nur der zweite Beweis von § 34, sondern auch § 36 unecht ist, spricht außer der völligen Übereinstimmung des Beweisgangs der Umstand, daß im Arabischen nur je ein Beweis gegeben wird.

§§ 37, 38. Zu zwei Parallelen ist die dritte durch das Verhältnis der Abstände gegeben. Zum Beweis muß VI, 2 in naheliegender Weise erweitert werden.

Die nun folgenden **§§ 39—51** bringen **Ähnlichkeitslehre**.

§§ 39—42. Bestimmung der Gestalt eines Dreiecks aus den Seiten, den Winkeln, dem Verhältnis zweier Seiten und dem eingeschlossenen Winkel, den Seitenverhältnissen; vgl. I, 8, VI, 4, 6, 5. Der Beweis von § 39, der arabisch abweichend überliefert ist, scheint überarbeitet zu sein.

§§ 43, 44. Bestimmung der Gestalt eines Dreiecks aus dem Verhältnis zweier Seiten und einem gegenüberliegenden Winkel. Der Fall, daß der gegebene Winkel ein Rechter ist, wird vorweggenommen. Der griechisch überlieferte Beweis von § 44 trennt die Fälle, daß der gegebene Winkel größer oder kleiner als ein Rechter ist, während sachgemäß der gegebene Winkel mit dem anderen gegenüberliegenden zu vergleichen wäre. Die arabische Übersetzung trennt nicht, gibt dafür — aber ausdrücklich als Scholion, also wohl nichteuklidisch — einen Hinweis auf die Zweideutigkeit. Die arabische Fassung wird die ursprüngliche sein, der zweite Teil des griechischen Beweises unecht. Natürlich handelt es sich nicht darum, daß Euklid den Fall der Zweideutigkeit übersehen hätte; aber die Ausdrucksweise ist ungenau.

§§ 45, 46. Bestimmung der Gestalt eines Dreiecks aus dem Verhältnis der Summe zweier Seiten zur dritten und einem Winkel. Zweite Beweise verlängern jedesmal eine Seite um die andere, berufen sich also nicht auf VI, 3. Die arabische Übersetzung bringt beide zweite Beweise als erste, nur zu § 45 daneben den ersten.

§§ 47—51. Geradlinige Figuren von gegebener Gestalt über Strecken, deren Verhältnis gegeben ist, haben gegebenes Verhältnis. Vorausgeschickt werden Hilfssätze und Spezialfälle.

Die nun folgenden **§§ 52—55** behandeln den **Zusammenhang zwischen Strecken und Flächen bei gegebener Gestalt.**

§ 52. Die Größe einer Fläche ist durch ihre Gestalt und die Länge einer Seite bestimmt.

§ 55. Umkehrung hiervon; **§§ 53, 54** sind Hilfssätze. Zweite Beweise zu § 54 und § 55 setzen den auf das Quadrat spezialisierten § 55 schon voraus.

Die nun folgenden **§§ 56—62** haben **algebraischen Charakter.**

§ 56. Wenn $c \cdot d : a \cdot b = \xi$, ist $a:c = d:\xi b$.

§ 57. Wenn $ax = C$, ist $x = \dfrac{C}{a}$; geometrisch kann die „Breite" auch schräg gerichtet sein.

§§ 58—60. Die quadratische Gleichung tritt hier sowohl in der Form der elliptischen und hyperbolischen Flächenanlegung als in der der Umlegung eines Gnomons auf.

§ 58. Wenn $C = \varkappa(a-x)x$, ist $x = \dfrac{a}{2} - \sqrt{\dfrac{\varkappa \dfrac{a}{2} \cdot \dfrac{a}{2} - C}{\varkappa}}$.

Bestimmt wird noch $\varkappa x$, nicht dagegen die zweite Lösung $(a-x)$; auch wird die in VI, 28 angegebene Determination nicht erwähnt.

§ 59. Wenn $C = \varkappa(a+x)x$, ist $x = \sqrt{\dfrac{\varkappa \dfrac{a}{2} \cdot \dfrac{a}{2} + C}{\varkappa}} - \dfrac{a}{2}$.

§ 60. Wenn $C = \lambda(a + x) \cdot (\varkappa a + \varkappa x) - \lambda a \cdot \varkappa a$, ist $x = \sqrt{\dfrac{\lambda a \cdot \varkappa a + C}{\lambda \cdot \varkappa}} - a$; wenn $C = \lambda a \cdot \varkappa a - \lambda(a - x) \cdot (\varkappa a - \varkappa x)$, ist $x = a - \sqrt{\dfrac{\lambda a \cdot \varkappa a - C}{\lambda \cdot \varkappa}}$.

§§ 61, 62 sind mit § 57 verwandte Aufgaben, in denen Verhältnisse auseinander bestimmt werden.

§ 63 ist wahrscheinlich unecht; die arabische Übersetzung bringt ihn nicht, und auch Pappos, der im ganzen nur 90 Sätze zählt gegen die 94—95 unserer Handschriften, scheint ihn nicht vorgefunden zu haben. Es handelt sich um einen Spezialfall von § 49, der auch durch bloße Berufung auf diesen bewiesen wird.

Bei den dann folgenden **§§ 64—80**, Sätzen über **Dreiecke und Parallelogramme**, handelt es sich wesentlich um Beziehungen, die wir in trigonometrische Formeln fassen würden.

§§ 64, 65. Im Dreieck ABC ist mit $\measuredangle \beta$ auch $(a^2 + c^2 - b^2)$: $\triangle ABC$ gegeben, nämlich $= 4 \operatorname{ctg} \beta$. Wenn trotz allgemeiner Fassung von § 65 die Ekthesis nur von spitzwinkligen Dreiecken spricht, ist I, Def. 21 nicht beachtet. Im Arabischen ist die Reihenfolge der Sätze vertauscht.

§ 66. Mit α ist $\triangle ABC : b \cdot c$ gegeben, nämlich $\tfrac{1}{2} \sin \alpha$.

§ 67. Mit α ist $\{(b+c)^2 - a^2\} : \triangle ABC$ gegeben, nämlich $= 4 \cos^2 \dfrac{\alpha}{2} : \tfrac{1}{2} \sin \alpha$. Den benutzten Hilfssatz kann man dem Beweise von III, 35 entnehmen; ein Scholion führt ihn aus: Man ziehe $BF \perp DE$; dann ist $DC \cdot CE + CF^2 = DF^2$ (II, 5). Addition von BF^2 beiderseits führt mit I, 47 auf $DC \cdot CE + BC^2 = BD^2$. — Der Satz kommt, wie die Umformung $2 \cos^2 \dfrac{\alpha}{2} = 1 + \cos \alpha$ zeigt, im Grunde wieder auf den Cosinussatz heraus. Direkt mit diesem (II, 12, 13) arbeitet der mittlere der drei weiteren Beweise; die beiden anderen sind dem Hauptbeweis verwandt.

§ 68. Wenn $(\varkappa a \cdot \xi b) : (a \cdot b) = \lambda$, ist $\xi = \dfrac{\lambda}{\varkappa}$. Ein zweiter Beweis arbeitet mit VI, 23.

§ 69. Wenn $(\varkappa a \cdot \xi b \cdot \sin \gamma) : (a \cdot b) = \lambda$, ist $\xi = \dfrac{\lambda}{\varkappa \sin \gamma}$.

§ 70. $(\varkappa a \cdot \lambda b \cdot \sin \gamma') : (a \cdot b \cdot \sin \gamma) = \varkappa \lambda \dfrac{\sin \gamma'}{\sin \gamma}$.

§ 71. $(\frac{1}{2} \varkappa a \cdot \lambda b \cdot \sin \gamma') : (\frac{1}{2} a \cdot b \cdot \sin \gamma) = \varkappa \lambda \dfrac{\sin \gamma'}{\sin \gamma}$.

§ 72. $(\frac{1}{2} \varkappa a \cdot \lambda b \cdot \sin \delta') : (\frac{1}{2} a \cdot b \cdot \sin \delta) = \varkappa \lambda \dfrac{\sin \delta'}{\sin \delta}$.

§ 73. Wenn $a:c = d:\varkappa b$, ist $a \cdot b \cdot \sin \alpha : c \cdot d \cdot \sin \gamma = \sin \alpha : \varkappa \cdot \sin \gamma$. Der hier gegebene Beweis ist der arabisch überlieferte, nur habe ich die Buchstaben entsprechend den Figuren der griechischen Handschriften, die nach Menges Angaben rekonstruiert sind, eingesetzt. Wenn ein ungeschickter Herausgeber meinte, in einer solchen Vorlage Lücken ausfüllen zu müssen, konnte vielleicht ein Beweis entstehen, wie er uns griechisch überliefert ist, der nicht nur verwirrt, sondern stellenweise direkt falsch ist. Schon Theons Vorlage war fehlerhaft; spätere Verbesserungsversuche hatten nur teilweise Erfolg.

§ 74. Wenn $a \cdot b \cdot \sin \alpha : c \cdot d \cdot \sin \gamma = 1 : \varkappa$ und $a : c = d : \xi b$, ist $\xi = \varkappa \dfrac{\sin \alpha}{\sin \gamma}$.

§ 75. Wenn $\frac{1}{2} a \cdot b \cdot \sin \alpha : \frac{1}{2} c \cdot d \cdot \sin \gamma = 1 : \varkappa$ und $a:c = d:\xi b$, ist $\xi = \varkappa \dfrac{\sin \alpha}{\sin \gamma}$. Menge schließt aus Angaben des Pappos, daß in der diesem vorliegenden Redaktion einige obiger Parallelogrammsätze geteilt waren, die Dreieckssätze bloße Porismen ohne Nummer.

§ 76. $h_c : c = \sin \alpha \cdot \sin \beta : \sin \gamma$. Die arabische Fassung ist in der Art wie § 72 allgemeiner.

§ 77 wiederholt nur § 54. Da Pappos ihn anscheinend nicht vorgefunden hat, wird er unecht sein; der Beweis arbeitet mit Quadraten über den entsprechenden Seiten.

§ 78 spezialisiert nur § 62. Auch ihn scheint Pappos nicht vorgefunden zu haben, so wird er unecht sein; der Beweis arbeitet mit Quadrat und flächengleichem Dreieck über den entsprechenden Seiten.

§ 79, eine teilweise Umkehrung von § 76, fehlt in der arabischen Version und vielleicht in der Vorlage des Pappos. Sollte er unecht

72 Anmerkungen

sein, so müßte zu § 80 als echter Beweis der zweite gehören, den auch der Araber allein bringt. Doch könnte Pappos auch § 79 als bloßes Lemma ohne Nummer vorgefunden haben.

§ 80. Mit $b \cdot c : a^2$ und α ist die Gestalt des Dreiecks ABC gegeben. Den Grundgedanken des ersten Beweises können wir als $h_a : a = \dfrac{\sin \beta \cdot \sin \gamma}{\sin \alpha} = \dfrac{bc}{a^2} \cdot \sin \alpha$ deuten. Es findet sich noch ein Lemma, das den Einwand, die Parallele im Abstand h_a könne hier an dem α fassenden Kreisbogen vorbeigehen, widerlegt.

Auf einem anderen Gedanken, dem die Formel $(b+c):a = \sqrt{1 + 2\dfrac{bc}{a^2}(1 + \cos \alpha)}$ entspricht, beruht der zweite Beweis, der den griechischen Handschriften folgendermaßen lautet:

„Da $\measuredangle BAC$ gegeben ist, hat $(BA + AC)^2 - BC^2$ zu $\triangle BAC$ gegebenes Verhältnis (§ 67); es sei $(BA + AC)^2 - BC^2 = D$; dann ist $D : \triangle ABC$ gegeben. Nun ist $\triangle ABC : (BA \cdot AC)$ gegeben, da $\measuredangle BAC$ gegeben ist (§ 66); also ist $D : (BA \cdot AC)$ gegeben (§ 8). Nun ist $(BA \cdot AC) : BC^2$ gegeben, also $D : BC^2$ gegeben (§ 8). Verbunden ist also $(D + BC^2) : BC^2$ gegeben (§ 6). Aber $D + BC^2 = (BA + AC)^2$; also ist $(BA + AC)^2 : BC^2$ gegeben, folglich auch $(BA + AC) : BC$ gegeben (§ 54). Nun ist $\measuredangle BAC$ gegeben; also ist das Dreieck ABC der Gestalt nach gegeben (§ 45)."

Es folgen wieder, in §§ 81—86a, **Sätze über Proportionen und algebraische Probleme.**

§ 81. Wenn $a:b = b:c$ und $d:e = e:f$, ist $b:e = \sqrt{a:d} \cdot \sqrt{c:f}$. Der zweite Teil, der besagt, daß $c:f = (b^2:e^2) \cdot (d:a)$ ist vermutlich unecht, da er im Arabischen fehlt und keine gleichwertige Umkehrung darstellt.

§ 82. Wenn $a:b = c:d$, ist $a:\varkappa b = c:\varkappa d$.

§ 83. Wenn $a:b = c:\varkappa d$, ist $d:c = b:\varkappa a$.

§§ 84, 85. Die Gleichungssysteme $x \mp y = a, x \cdot y = C$, die hier auf §§ 58, 59 zurückgeführt werden, geben die älteste Form, in der uns Aufgaben quadratischen Charakters bekannt sind. Schon um 2000 v. Chr. waren die Babylonier im Besitz der Lösung.

§ 86. $x \cdot y = L$, $x^2 = \varkappa y^2 + M$. Die Lösung des Gleichungssystems arbeitet mit dem sonst nirgends benutzten Satze II, 8; sie muß die bei moderner Rechnung auftretenden vierdimensionalen Gebilde durch Heranziehung von Hilfsgrößen umgeben. Wir setzen $AB = y$, $BC = x$, $BD = M : x$, $DC \cdot CB : AB^2 = \varkappa$, $AB : BD = L : M$; dann ist $BC \cdot CD : BD^2 = \varkappa L^2 : M^2$. Die lösende Proportion $(4 BC \cdot CD + BD^2) : BD^2 = (BC + CD)^2 : BD^2$ ist umzuschreiben in
$$4\frac{\varkappa L^2}{M^2} + 1 = \left(2\frac{x^2}{M} - 1\right)^2.$$

§ 86a ist von Menge wohl mit Recht in den Appendix verwiesen worden, obwohl auch die arabische Übersetzung ihn bringt, da seine Stelle in den griechischen Handschriften wechselt. Es handelt sich um den Spezialfall $x \cdot y = L$, $x^2 = 1y^2 + M$. Der Beweis verläuft nach demselben Gedankengang; ein Lemma, das sich griechisch hierzu noch findet, ist trivial.

Die letzten **§§ 87—94** handeln vom **Kreis**.

§§ 87, 88. Sehne und Winkel über ihr im gegebenen Kreise sind miteinander gegeben.

§ 89. Die Endpunkte einer unter gegebenem Winkel gebrochenen Linie im Kreise sind miteinander gegeben.

§ 90. Die bekannte Tangentenziehung.

§§ 91, 92. Potenzsatz des Kreises. Ein zweiter Beweis zu § 91 arbeitet ohne Tangente.

§ 93. $[2 \sin\gamma + 2 \sin(\alpha + \gamma)] : 2 \sin\left(\frac{\alpha}{2} + \gamma\right) = 2 \sin\alpha : 2 \sin\frac{\alpha}{2}$;

$$[2 \sin\gamma + 2 \sin(\alpha + \gamma)] \cdot \frac{2 \sin\frac{\alpha}{2} \cdot \sin\frac{\alpha}{2}}{\sin\left(\frac{\alpha}{2} + \gamma\right)} = 2 \sin\alpha \cdot 2 \sin\frac{\alpha}{2}.$$

Für den symmetrischen Fall läßt sich hieraus die Formel $\sin\alpha = 2 \sin\frac{\alpha}{2} \cos\frac{\alpha}{2}$ gewinnen, für den allgemeinen das Additionstheorem
$$\sin\beta + \sin\gamma = 2 \sin\frac{\beta + \gamma}{2} \cdot \cos\frac{\beta - \gamma}{2};$$
doch ist erst Archimedes in dieser Richtung weitergegangen.

§ 94. Der Satz über einen rechtwinkligen Streckenzug im Kreise folgt leicht aus dem Potenzsatz.

Archive for History of Exact Sciences

Edited by C. TRUESDELL

Editorial Board: O. Becker, Bonn; C. B. Boyer, Brooklyn/N.Y.; M. Clagett, Madison/Wis.; I. B. Cohen, Cambridge/Mass.; E. J. Dijksterhuis, Bilthoven; J. O. Fleckenstein, Milano; S. Flügge, Freiburg/Br.; A. R. Hall, Los Angeles/Cal.; W. Hartner, Frankfurt/M.; J. E. Hofmann, Ichenhausen/Bayern; A. Koestler, London; A. Koyré, Paris; A. Lejeune, Visé/Belgique; A. Maier, Roma; V. Ronchi, Arcetri/Firenze; L. Rosenfeld, Copenhagen; A. Speiser, Basel; O. Spiess, Basel; D. J. Struik, Cambridge/Mass.; R. Taton, Paris; C. Truesdell, Baltimore/Md.; B. L. van der Waerden, Zürich; A. Youschkevitch, Moscou.

The ARCHIVE FOR HISTORY OF EXACT SCIENCES nourishes historical research meeting the standards of the mathematical sciences. Its aim is to give rapid and full publication to writings of exceptional depth, scope, and permanence. The ARCHIVE casts light upon the conceptual groundwork of the sciences by discovering their growth: the course of mathematical thought and precise theory of nature. While devoted mainly to mathematics and natural philosophy, it also embraces experiment in the physical sciences. English, French, German, Italian, Latin, and Spanish are the languages of the Archive.

The ARCHIVE FOR HISTORY OF EXACT SCIENCES appears in numbers struck off as the material reaches the press; five numbers, individually priced, constitute a volume.

Maximum price 1963 (3/4 volume): about DM 80,—

Das ARCHIVE FOR HISTORY OF EXACT SCIENCES widmet sich der historischen Forschung auf den Gebieten der Mathematik und der exakten Naturwissenschaften, soweit sie den in diesen Gebieten üblichen Maßstäben genügt. Ziel ist die rasche Veröffentlichung von Arbeiten besonderer Tiefe und Bedeutung. Das ARCHIVE trägt zur Erhellung der begrifflichen Grundlagen der Naturwissenschaften durch Erforschung ihres geschichtlichen Werdens bei: Entwicklung des mathematischen Denkens und der exakten Naturerkenntnis. Neben der Mathematik und den Theorien der exakten Wissenschaften wird auch die experimentelle Naturwissenschaft berücksichtigt. Die Sprachen des ARCHIVE sind deutsch, englisch, französisch, italienisch, lateinisch und spanisch.

Die Zeitschrift erscheint zur Ermöglichung rascher Veröffentlichung nach Maßgabe des eingehenden Materials in einzeln berechneten Heften, die zu Bänden vereinigt werden. Fünf Hefte bilden einen Band.

Maximal-Preis 1963 (3/4 Band): etwa DM 80,—

SPRINGER-VERLAG BERLIN · GÖTTINGEN · HEIDELBERG

MIX
Papier aus verantwortungsvollen Quellen
Paper from responsible sources
FSC® C105338

If you have any concerns about our products,
you can contact us on
ProductSafety@springernature.com

In case Publisher is established outside the EU,
the EU authorized representative is:
**Springer Nature Customer Service Center GmbH
Europaplatz 3, 69115 Heidelberg, Germany**

Printed by Libri Plureos GmbH
in Hamburg, Germany